输变电工程造价管理手册

施工图预算分册

国网山东省电力公司经济技术研究院
国网山东省电力公司建设部　组编

中国电力出版社
CHINA ELECTRIC POWER PRESS

内 容 提 要

本书主要围绕施工图预算的内容展开，共分为 4 章内容。包括总则、施工图预算评审审核要点、相关定额解释、施工图预算问题清单及常见案例。本书理论结合实际、通俗易懂，通过典型案例对施工图预算进行了深入分析、讲解。

本书旨在指导造价人员规范、有序开展施工图预算评审工作，可供与施工图预算相关工作人员使用。

图书在版编目（CIP）数据

输变电工程造价管理手册. 施工图预算分册 / 国网山东省电力公司经济技术研究院，国网山东省电力公司建设部组编. —北京：中国电力出版社，2024.5
　　ISBN 978-7-5198-8472-7

　　Ⅰ. ①输… Ⅱ. ①国… ②国… Ⅲ. ①输电 – 电力工程 – 造价管理 – 中国 – 手册 ②变电所 – 电力工程 – 造价管理 – 中国 – 手册 Ⅳ. ① TM7-62 ② TM63-62

中国国家版本馆 CIP 数据核字（2023）第 252012 号

出版发行：中国电力出版社
地　　址：北京市东城区北京站西街 19 号（邮政编码 100005）
网　　址：http://www.cepp.sgcc.com.cn
责任编辑：罗　艳（010–63412315）代　旭
责任校对：黄　蓓 李　楠
装帧设计：张俊霞
责任印制：石　雷

印　　刷：三河市百盛印装有限公司
版　　次：2024 年 5 月第一版
印　　次：2024 年 5 月北京第一次印刷
开　　本：710 毫米 × 1000 毫米　16 开本
印　　张：14.75
字　　数：200 千字
定　　价：76.00 元

主要编写人员

刘宏志　屠庆波　杨连熙　姜峥嵘　康　方

孔　超　杨博杰　曹孟迪　刘双英　解云娥

韩一繁　孙洪波　成印健　孙　兵　纪朝辉

李　彦　尹彦涛　韩延峰　陶喜胜

前　言

为了规范输变电工程施工图预算评审工作，提高质量和效率，实现工程造价精准控制，确保审核成果质量，国网山东省电力公司经济技术研究院在2022年初提出开展《输变电工程造价管理手册　施工图预算分册》的编制工作。

国网山东省电力公司经济技术研究院以规范施工图预算管理为统领，结合计价规范要求及工程实际情况，以工程量清单项目为最小单元，明确审核要点及审核原则，规范并固化评审审核要点，实现每个节点控制到位。本手册具有很高的实用性，旨在指导造价人员规范、有序开展施工图预算评审工作，确保工作质量，提高工程造价精准管控水平。

本手册编写过程中，由国网山东省电力公司经济技术研究院牵头，山东诚信工程建设监理有限公司主要编制，刘宏志、屠庆波、杨连熙、姜峥嵘、康方、孔超、杨博杰、曹孟迪、刘双英、解云娥、韩一繁、孙洪波、成印健、孙冰、纪朝辉、李彦、尹彦涛、韩延峰、陶喜胜参与编写，按照全面性和通用性结合的原则，力求适用、操作流畅。

由于编者水平有限、时间较短，难免存在不妥之处，敬请大家在阅读和使用过程中批评指正。

编者

2024年4月

CONTENTS  目　录

1

总　则

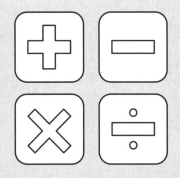

1.1 编制依据

1.1.1 Q/GDW 11337—2014《输变电工程工程量清单计价规范》。

1.1.2 Q/GDW 11338—2014《变电工程工程量计算规范》。

1.1.3 Q/GDW 11339—2014《输电线路工程工程量计算规范》。

1.1.4 《电力建设工程概算定额（2018年版）》（第一册 建筑工程、第三册 电气设备安装工程、第四册 调试工程）及使用指南；《电力建设工程预算定额（2018年版）》（第一册 建筑工程、第三册 电气设备安装工程、第四册 架空输电线路工程、第五册 电缆输电线路工程、第六册 调试工程、第七册 通信工程）及使用指南。

1.1.5 《电网工程建设预算编制与计算规定（2018年版）》及《电网工程建设预算编制与计算规定使用指南（2018年版）》。

1.1.6 国网（基建/3）957—2019《国家电网有限公司输变电工程施工图预算管理办法》。

1.1.7 国家电网基建〔2018〕1061号《国家电网有限公司关于加强输变电工程施工图预算精准管控的意见》。

1.1.8 建设部通知〔2020〕62号《关于进一步加强施工图预算和最高投标限价编审工作的通知》。

1.1.9 建设部通知〔2021〕53号《关于规范输变电工程施工图预算和最高投标限价审核工作管理的通知》。

1.1.1 0国家、电力行业建设主管部门及国家电网有限公司颁发的计价依据和办法。

1.2 适用范围

本手册适用于 35～500kV 输变电工程，其他电压等级及类似工程可参考使用。

本手册适用于各种投资渠道投资建设的上述范围的新建、扩建和改建工程。

1.3 总体要求

1.3.1 施工图预算审核应重点审查施工图设计深度是否满足施工图预算编制要求，审核编制依据，审查工程量、价格、费用等内容，审核施工图预算与批准概算的各项费用及主要工程量的对比分析。

1.3.2 咨询单位审查最高投标限价费用准确合理性，应满足工程量清单计价规范要求。最高投标限价超过批准概算时，建设管理单位应将其报原概算审批部门审核。

1.3.3 工程量清单满足工程量清单计算规范的要求，并无缺项、漏项、重复列项等情况，编制范围满足招标文件要求。

2

施工图预算评审审核要点

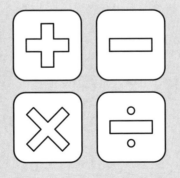

2.1　总体要求

序号	评审内容	评审要点
1	与概算对比	对照概算批复，工程投资不超概算；审查与初步设计的差异，对与初步设计有较大变化的量和价，应重点审查，落实具体原因，与其他专业协调一致；超概算批复项目应按初步设计批复部门的书面意见办理
2	编制年价差	定额价格水平采用定额总站当期人材机调差文件，主要设备材料价格按国家电网有限公司当期信息价，地方性材料价格采用当地当期信息价
3	基本预备费	执行《电网工程建设预算编制与计算规定（2018年版）》，预算阶段费率1%
4	特殊费用	工程现场人员管理系统费用不再单独列入特殊项目费用中，由安全文明施工费和项目法人管理费（工程信息化管理费）解决
5	建设期贷款利息	按静态投资额×0.5×0.8×贷款实际利率计算。依据国发〔2015〕51号《国务院关于调整和完善固定资产投资项目资本金制度的通知》，资本金比例按20%，贷款计算年限1年，建设期贷款利息按收口时间当期的贷款市场报价利率（LPR）计列
6	取费标准	取费执行《电网工程建设预算编制与计算规定（2018年版）》标准，设备及公积金参照当地政府文件（山东省社会保障费费率26.9%和住房公积金费率12%）

2.2　变电建筑工程

2.2.1　生产建筑

序号	名称	审核要点	审核原则
1	土石方工程	主控楼独立基础的挖土方工程量计算原则	室内有电缆隧道或沟道按大开挖原则计算，否则按基坑和基槽原则计算。大开挖清单工程量按不含放坡工程量。定额工程量按含放坡工程量

续表

序号	名称	审核要点	审核原则
1	土石方工程	余土外运的运距	设计院和建管单位确定
		地勘报告与项目特征土质是否相符	依据地勘报告与项目特征进行审核
		开挖及回填工程量是否符合逻辑	在开挖及回填标高一致情况下，审核开挖量减去基础、垫层、基础梁、沟道、设备基础后与回填量逻辑关系是否一致
2	基础与地基处理	毛石混凝土换填工程量	按设计要求的宽出基础的宽度计算，深度为换填底到垫层底的深度
		砂石、灰土换填工程量	设计给出砂石、灰土换填的方案
		抗裂纤维工程量计算	按图纸说明混凝土掺量计算
		桩基工程是否按照定额说明调整	符合调整要求的，按照《电力建设工程预算定额（2018年版）第一册 建筑工程（上册）》"第2章 地基与边坡处理工程"说明中相关调整要求进行调整。桩基的组价及项目特征描述与图纸进行核对
		换填工程量是否有计量依据	提供工程量计量依据（图纸或地勘相关说明）
3	地面与地下设施	室内沟道项目特征、工程量、组价是否正确	按电缆沟截面尺寸分别列项，清单工程量按电缆沟长度计算工程，工作内容含梁、沟底、沟壁、柱。钢筋、铁件单独列清单。预算按垫层、室内沟道实际体积计算工程量
		地面类型是否存在漏项	根据施工图纸做法与预算进行核对
		地面做法中防水层是否列项	根据施工图纸或国家电网有限公司标准工艺做法与预算进行核对，地面与墙面连接处高度在500mm以内的防潮、防水层按照展开面积计算，并入地面工程量内；高度超过500mm时，按照立面防潮、防水层工程量计算。地下电缆层应结合图纸考虑防水层，按照施工图所列防水做法，套用相应定额

序号	名称	审核要点	审核原则
3	地面与地下设施	地面工程量扣减基础及沟道所占面积	结合施工图纸，按照定额计算规则审核地面工程量，审查是否扣除凸出地面的设备基础、室内电缆沟、电缆沟盖板所占面积
		电气埋管是否列入安装工程中	如果列入土建必须在图纸中有详细的布置否则无法计算工程量
4	楼面与屋面工程	屋面排水工程量	按图示尺寸计算
		屋面保温工程量	按图纸面积，及坡度计算
		防水面积	按图示尺寸计算，计算返水面积
		项目特征做法是否与图纸相符	根据施工图纸做法与预算进行核对
		屋面各层做法是否与图纸对应	根据施工图纸做法与预算进行核对
5	墙体工程	项目特征做法是否与图纸相符	根据施工图纸做法与预算进行核对
		是否扣除门窗洞口工程量	依据定额计算规则进行核实
		砖砌体项目特征、工程量计算原则	砌体材质是否与图纸相符，是否有钢丝网，工程量应该含过梁、圈梁、构造柱、压顶工程量
		隔墙项目特征是否完善	按设计工艺方案填写完整。如龙骨材质、面层材质及层数
		墙体保温项目特征、工程量计算原则	保温材质与图纸相符，工程量按设计部位面积扣除门窗及空洞面积
		砖砌体与砖基础	依据定额基础与墙划分计算规则
		图纸需注明砖基础砌筑砂浆等级及砖材料规格型号	依据施工图纸设计要求确定主要材料含量及价格
		水泥纤维复合板	套用YT6-99定额，材料名称铝镁锰复合板改为水泥纤维复合板
		金属墙板	根据施工图纸名称和做法与预算进行核对

续表

序号	名称	审核要点	审核原则
6	门窗工程	门窗材质与数量是否与图纸相符	根据施工图纸与预算进行核对
		卷帘门计算规则是否合理	参照定额计算规则: 卷帘门按照洞口高度增加600mm计算工程量
		窗项目特征是否与图纸项目相符	如是否有纱窗、是否有防盗窗、窗台板材质
7	混凝土工程	钢筋桁架楼承板	需要区分钢筋桁架楼承板和压型钢板底模楼板的区别
		基础、柱、梁、垫层及其他构件混凝土标号是否与图纸一致	根据施工图纸与预算进行核对
		组价套用相关定额是否合理	根据施工图纸与预算进行核对
		钢筋及预埋铁件	根据施工图纸判断钢筋质量的合理性; 钢筋连接用量按照施工图规定或规范要求计算。如施工图未注明, 以单位工程施工图设计钢筋总用量为计算基数, 按照4%计算, 并入钢筋用量
		混凝土外加剂	混凝土如需加抗渗剂, 根据设计方案计列费用
8	钢结构工程	H形钢柱如何套用定额	按购置成品构件安装计价
		墙檩条、檩条、钢梯等其他构架如何套用定额	按现场制作、安装计价
		脚手架计列	钢结构项目不计算脚手架, 如钢柱、钢梁、压型钢板墙面
		复合压型钢板单价确定	按设计做法要求套用定额子目, 按国家电网有限公司电力建设定额站发布的信息价或各地市定额站发布的信息价调差
		成品消防棚	建议按个的估计计入
		钢构件甲乙供	按国网山东省电力公司关于钢结构集中采购范围的通知确定甲供材料范围

续表

序号	名称	审核要点	审核原则
9	装饰工程	墙面装饰项目特征	根据施工图纸与预算进行核对；注明基层砂浆类型，面层涂料类型，是否包含钢丝网
		压型钢板顶棚刷防火涂料计价原则	按压型钢板质量计算，套用定额防火涂料定额子目或参照套用防火漆木地板，防火漆替换为防火涂料，清单按天棚抹灰面积计列
		项目特征做法是否与图纸相符	根据施工图纸做法与预算进行核对
		油漆厚度的定额换算	依据施工图纸设计要求按定额计算规则进行换算确定主要材料含量及价格
		钢柱外包石膏板	根据施工图纸做法与预算进行核对
10	给排水	给出平面造价范围	根据单价范围，给排水（含常规水消防）工程包括给水管道、排水管道、消防管道、管道支架、阀门、法兰、水表、流量计、压力表、水龙头、淋浴喷头、地漏、清扫孔、检查孔、透气帽、卫生器具、室内消火栓、水泵接合器、生活消防水箱等的安装，包括管道支架、生活消防水箱的制作，包括保温油漆、防腐保护、管道冲洗、水压试验、单体调试等工作内容
		设备价格	价格合理
		变频给水设备价格区间	价格合理
		污水泵价格确定原则	价格合理
		潜水泵	价格合理
		项目特征做法是否与图纸相符	根据施工图纸做法与预算进行核对
11	通风、照明	给出平面造价范围	通风空调工程包括风道、风道支架、风口、风阀、现场配置设备支架等制作与安装，包括通风空调刷保温油漆、防腐保护、单位工程系统调试、安拆脚手架等工作内容。

续表

序号	名称	审核要点	审核原则
11	通风、照明	给出平面造价范围	照明与防雷接地工程包括联闪控制器、镇流器、电气仪表、接线盒、开关、插座、灯具、航空灯、避雷针（网）、引下线、接地极等安装，包括照明配电箱（含降压照明箱、事故照明箱）、配电盘、配电柜安装，包括敷设电线管、敷设照明电线、单位工程照明系统调试、单位工程接地电阻测试等工作内容
		暖器价格确定	价格合理
		空调价格确定	价格合理
		变频给水设备价格区间	价格合理
		灯具的价格区间	价格合理
		工程量、型号参数与图纸是否相符	根据施工图纸做法与预算进行核对
		暖通设备价格依据是否充分	根据提供资料进行审核

2.2.2 配电装置

序号	名称	审核要点	审核原则
1	构支架基础	构架工程量	依据设计图纸工程量计算，组价含二次灌浆、保护帽浇制
		构架梁工程量	依据设计图纸工程量计算
		附件工程量	依据设计图纸工程量计算，包括支架柱、爬梯、护笼等
		基础及垫层混凝土标号是否与图纸一致	根据施工图纸与预算进行核对

续表

序号	名称	审核要点	审核原则
2	主变压器设备基础	基础及垫层混凝土标号是否与图纸一致	根据施工图纸与预算进行恢对
		土方开挖工程量计算原则	有变压器油池合并计算
		钢筋及预埋铁件	根据施工图纸判断钢筋质量的合理性；钢筋连接用量按照施工图规定或规范要求计算。如施工图未注明，以单位工程施工图设计钢筋总量为计算基数，按照4%计算，并入钢筋用量
3	油坑及卵石	油池壁带型基础	不单独计列清单，组价到油池里，项目特征描述
		变压器油池混凝土底板计价	套用YT5-56 地下建筑底板厚300mm以内定额
		油池篦子是满铺还是仅集油坑处布置	根据施工图纸与预算进行核对
		油坑底板做法与预算一致，是否扣除主变压器所占面积	根据施工图纸与预算进行核对
		土方开挖工程量	深度为计算基础垫层底至油池垫层底，主变压器基础加深部分合并，挖深从设备基础垫层底标高算至油池底板底标高
4	防火墙	基础、垫层、框架混凝土标号是否与图纸一致	根据施工图纸与预算进行核对
		框架防火墙项目划分	基础、柱、梁、砖砌体分别列项
		砖砌体防火墙	工程量含构造柱、圈梁、压顶，项目特征应该注明混凝土等级
		防火墙装饰	根据施工图纸与预算进行核对

续表

序号	名称	审核要点	审核原则
5	事故油池	基础、垫层、框架混凝土标号是否与图纸一致	根据施工图纸与预算进行核对
		对应图纸核对预算中定额项目,是否存在漏项	根据施工图纸与预算进行核对;土方、钢筋、铁件单独计列
		排油管	工程量根据设计图纸工程量计算,管径及材质依据图纸与预算核对
6	电缆沟道	截面尺寸是否与图纸一致	站内电缆沟按施工图计算工程量
		沟道混凝土标号和砌体材料与图纸是否一致	根据施工图纸与预算进行核对
		电缆沟盖板	电缆沟盖板名称根据施工图纸与预算进行核对
		对应图纸核对预算中定额项目,是否存在漏项	电缆隧道卷材防水和防腐依据图纸要求单独计列
7	栏栅及地坪	根据施工图纸与预算进行核对	碎石地坪按照整体地坪按照铺设面积计算工程量,定额按照地面垫层以体积计算工程量
8	区域地面封闭	图纸做法与预算是否对应	根据施工图纸与预算进行核对

2.2.3 供水系统

序号	名称	审核要点	审核原则
1	供水管道	管道材质是否与图纸一致	根据施工图纸与预算进行核对
		预算中管道垫层采用材质是否与图纸一致	根据施工图纸与预算进行核对

序号	名称	审核要点	审核原则
1	供水管道	管道是否漏项	按管道材质、管径分别列项，建议管径按范围划分
		井池	井池材质与预算进行核对
2	供水系统设备	供水装置设备单价范围	根据市场询价或概算单价核对
		预算中设备数量及参数是否与图纸要求一致	根据施工图纸与预算进行核对
3	深井	深井组价如套用概算定额（已包含场地平整、浇制井台等），检查是否重复列项	根据井深和井径检查组价定额系数是否合理
		深井深度如何确定	依据设计图纸确定深度
		深井泵池	深井泵池按井、池清单单独列项
4	蓄水池	容积大于500m³的	清单分别按底、壁、顶、防水等分别计列
		容积小于等于500m³的	清单按净空体积计列，综合底、壁、顶、防水等
		混凝土标号是否与图纸一致	根据施工图纸与预算进行核对
		对应图纸检查预算是否存在漏项	根据施工图纸与预算进行核对
		卷材防水和防腐单独列项	根据施工图纸与预算进行核对
		消防水池的管道（非给排水管道）项目划分	按管道材质、管径分别列项

2.2.4 消防系统

序号	名称	审核要点	审核原则
1	设备及管道	管道材质是否与图纸一致	根据施工图纸与预算进行核对

续表

序号	名称	审核要点	审核原则
1	设备及管道	预算中管道垫层采用材质是否与图纸一致	根据施工图纸与预算进行核对
		预算中设备数量及参数是否与图纸要求一致	根据施工图纸与预算进行核对
		预算中设备数量及参数是否与图纸要求一致	根据施工图纸与预算进行核对
2	消防器材	消防小室	清单按座计算,砖混结构按《电力建设工程预算定额（2018年版）第一册 建筑工程》套用定额
		预算中设备数量及参数是否与图纸要求一致	根据施工图纸与预算进行核对
3	特殊消防	是否有技术规范,规范或图纸中型号是否与预算对应	根据施工图纸、技术规范与预算进行核对

2.2.5 站区性建筑

序号	名称	审核要点	审核原则
1	场地平整	采购回填土费用如何确定	按当地市场信息价
		土方运距的确定和费用计算	设计院和建管单位确定
		场地平整	挖填方在±300cm以外,按厂区挖一般土方和回填方列项,不再计列场地平整预算
2	站区道路及广场	道路的项目特征	根据施工图纸与预算进行核对
		有无路缘石	根据施工图纸与预算进行核对
		站内道路工程量计算原则	（1）道路基层、底层、面层按照图示尺寸以体积计算工程量,分别套用《电力建设工程预算定额（2018年版）第一册 建筑工程》相应子目。

续表

序号	名称	审核要点	审核原则
2	站区道路及广场	站内道路工程量计算原则	（2）计算体积时，不扣除路面上的雨水井、给排水井等所占面积。路面上各种井按照相应定额另行计算费用。 （3）道路路缘石、伸缩缝、切缝按照图示尺寸以延长米计算工程量。 （4）路面不含钢筋、铁件，如设有时，应另执行YT4-93、YT4-94、YT4-99定额
		路床土方依据场地平整方案判断是否计列	设计标高高于原始标高的不计列道路土方工程
3	站区排水	站区与市政管道接口费的划分	列入分部分项工程中，按项列清单
		预算中管道材质是否与图纸一致	根据施工图纸与预算进行核对
		预算中管道垫层采用材质是否与图纸一致	根据施工图纸与预算进行核对
4	围墙大门	剪力墙结构	分别按混凝土墙、柱、梁计列
		框架结构	分别按混凝土柱、混凝土梁、砖墙分别计列
		砖混结构	按墙计列，内容包括构造柱、圈梁、砖墙、压顶项目
		预算中围墙结构形式是否与图纸一致	根据施工图纸与预算进行核对
		预算中围墙装饰面做法是否与图纸一致	根据施工图纸与预算进行核对
		标识牌按1000元/块计列	是否按1000元/块计列

2.2.6 特殊构筑物

序号	名称	审核要点	审核原则
1	挡土墙及挡水墙	预算中材质做法与施工图中是否一致	根据施工图纸与预算进行核对
		钢筋混凝土挡土墙钢筋含量是否合理	根据施工图纸与预算进行核对
		砖砌挡土墙定额套用是否准确	（1）砖砌挡土墙，墙厚两砖以上执行砖基础定额，两砖以内执行外砖墙定额。（2）砖砌体包括原浆勾缝用工，加浆勾缝的费用另行计算
2	防洪排水沟	预算中材质做法与施工图中是否一致	根据施工图纸与预算进行核对
3	护坡	预算中材质做法与施工图中是否一致	根据施工图纸与预算进行核对
		支护方式与施工图是否一致，定额套用是否准确	（1）喷射混凝土支护按照施工图喷射混凝土表面积以平方米计算，定额中不包括钢筋网片的制作、安装、吊装费用，工程发生时按照钢筋笼、网定额另行计算。（2）锚杆支护中锚杆钻孔、灌浆按照入土长度以延长米计算；锚杆制作、安装按照施工图以吨计算；需要搭拆脚手架时，按照实际搭设长度乘以2m宽计算工程量，执行《电力建设工程预算定额（2018年版） 第一册 建筑工程》满堂脚手架子目。（3）护坡高度超过4m时，定额人工费乘以1.14系数
4	站区绿化	预算中材质做法与施工图中是否一致	绿化面积按施工图计列，定额套用《电力建设工程预算定额（2018年版） 第一册 建筑工程》中YT14-28子目

2.2.7 站址有关单项

序号	名称	审核要点	审核原则
1	地基处理	资料提供条件	地勘报告、地基处理方案、桩基布置图、桩基型号数量一览表
		砂石换填工程量计算原则	按设计要求计算工程量
		混凝土换填工程量计算原则	按设计要求计算工程量
		浆砌毛石换填工程量计算原则	按设计要求计算工程量
		灌注桩长度计算	设计顶标高到入岩深度
		水泥搅拌桩（喷桩）	YT2-121、YT2-122
		桩基工程是否按照定额说明调整	符合调整要求的，按照《电力建设工程预算定额（2018年版） 第一册 建筑工程》的"第2章 地基与边坡处理工程"说明中相关调整要求进行调整
		换填工程量是否有计量依据	提供工程量计量依据（图纸或地勘相关说明）
		强夯工程计算规则	强夯工程不分土壤类别，一律按《电力建设工程预算定额（2018年版） 第一册 建筑工程》执行，机械定额中已综合考虑，实际不同时，不做调整
2	站外道路	预算与图纸做法是否一致	根据施工图纸与预算进行核对；站外道路做法施工图是否满足预算要求
		站外道路工程量计算原则	（1）道路基层、底层、面层按照图示尺寸以体积计算工程量，分别套用《电力建设工程预算定额（2018年版） 第一册 建筑工程》相应子目。 （2）计算体积时，不扣除路面上的雨水井、给排水井等所占面积。路面上各种井按照相应定额另行计算费用。 （3）道路路缘石、伸缩缝、切缝按照图示尺寸以延长米计算工程量

序号	名称	审核要点	审核原则
3	站外水源	预算中管道材质、工程量是否与图纸一致	根据施工图纸与预算进行核对
		预算中管道垫层采用材质是否与图纸一致	根据施工图纸与预算进行核对
		不得计取没有政策依据的一笔性费用	站内外给排水布置图（水源接入需有明确的设计方案，路径图、接引点）
4	临时施工电源	图纸材料表工程量是否与预算一致	根据施工图纸与预算进行核对
		根据施工电源的外接方案，设计提资，套用相应定额计价	变压器租赁费不计（仅计变压器高压侧以外的装置及线路）
		预算执行《20kV以下配电网工程建设预算编制与计算规定（2016版）》	电缆费用按1/3摊销
		过渡方案	过渡费用，10kV开关站带变压器按月租赁费计列，按月计列，时间和业主、设计院确定，单价在15万元/月左右。35kV变压器租赁费25万元/月左右
		永临结合时费用列入安装工程站外电源部分	
		临时用电方式时，施工电源费用（变压器及其低压侧部分）在工程临时设施费中计列	

续表

序号	名称	审核要点	审核原则
5	施工降水	施工降水费用确定根据设计方案计列	和概算方案进行对比，降水费用列入措施费一，需设计院在图纸中补充设计方案的简要说明
		井点降水	轻型井点、大口径井点降水分别按井点降水安拆（m/根）和井点降水运行（台·天）分别列项
6	脚手架搭拆及垂直运输	脚手架搭拆及垂直运输的确定	措施项目不包括脚手架搭拆、垂直运输、超高措施，该工作包含在相应的清单项目工作内容中。建筑物的脚手架及垂直运输组价到外墙体中
		脚手架搭拆及垂直运输计算规则	执行《电力建设工程预算定额（2018年版）第一册　建筑工程》的规定

2.3　变电安装工程

2.3.1　主变压器

序号	名称	审核要点	审核原则
1	变压器	清单工作内容含：（1）本体及附件安装。（2）端子箱、控制箱安装。（3）本体间金属软管、电缆敷设及接线。（4）引下线安装。	（1）本清单项目适用于变压器、联络变压器、箱式变电站、接地变压器（柜）、接地变压器及消弧线圈成套装置框等。 （2）安装方式包括户内安装、户外安装、散热器外置等。 （3）防腐要求包括补漆、喷漆、冷涂锌喷涂等。 （4）"变压器"消单项目适用于接地极极址工程时，项目特征增加"6. 不间断电源型号规格、容量""7. 蓄电池型号规格、容量"。 （5）"变压器"清单项目适用于接地变压器及消弧线圈成套装置柜时，与柜体成套供货的柜内变压器、消弧线圈、隔离开关等设备安装不再单列清单项目；当柜内设备与柜体不成套供货或不同期安装时，分别选用相应的清单项目。

续表

序号	名称	审核要点	审核原则
1	变压器	（5）油过滤（油浸式）。 （6）除锈防腐。 （7）单体调试	（6）清单项目工作内容中的"单体调试"指现行有关电力工程建设的技术规程、规范及施工质量验评标准规定为必须做的各种常规的调试项目；不包括SF$_6$密度继电器与气体继电器校验、绝缘油试验、SF$_6$气体试验，以及规程、规范规定为特殊的调试项目。 （7）主变压器本体端子箱、安装箱应计入本清单中。 （8）引下线（与设备或母线配套安装或是同期安装时包含在设备清单中）安装、导线金具材料费应计入本清单中，项目特征描述增加导线、金具规格等内容。 （9）厂家提供的电缆（厂供电缆）已含在安装定额的工作内容中。 （10）油过滤（油浸式）应计入本清单中
		定额工作内容、工程量计算规则及其他说明等	三相变压器安装等以"台"为计量单位，三相为一台；单相变压器、消弧线安装等以"台/单相"为计量单位，以单相为一台；35kV干式和油浸式电抗器安装等以"组/三相"为计量单位，三相为一组。 （1）变压器基础、轨道及母线铁构件的制作、安装，发生时执行《电力建设工程预算定额（2018年版）第三册 电气设备安装工程》第5章相应定额子目。 （2）变压器中的中性点设备安装，发生时执行《电力建设工程预算定额（2018年版）第三册 电气设备安装工程》第3章相应定额子目。 （3）端子箱、控制柜的制作、安装，发生时执行《电力建设工程预算定额（2018年版）第三册 电气设备安装工程》第5章相应定额子目。 （4）变压器、消弧线圈、电抗器的干燥，发生时按实计算。 （5）二次喷漆，发生时执行《电力建设工程预算定额（2018年版）第三册 电气设备安装工程》第5章相应定额子目。 （6）铁构件的制作与安装，发生时执行《电力建设工程预算定额（2018年版）第三册 电气设备安装工程》第5章相应定额子目。 （7）三相变压器和单相变压器安装适用于油浸式变压器、自耦变压器安装；带负荷调压变压器安装执行同电压、同容量变压器安装定额，其定额人工费乘以系数1.1。

续表

序号	名称	审核要点	审核原则
1	变压器	定额工作内容、工程量计算规则及其他说明等	（8）变压器的器身检查，4000kVA以下是按吊芯检查考虑，4000kVA以上是按吊罩检查考虑。4000kVA以上的变压器需要吊芯检查时，定额机械费乘以系数2.0。 （9）干式变压器如果带有保护外罩时，其安装定额中的人工费和机械费都乘以系数1.2。 （10）变压器的散热器分体布置时定额人工费乘以系数1.1。 （11）110kV以上设备安装在户内时定额人工费乘以系数1.3
2	中性点接地成套设备	清单工作内容含： （1）本体及附件安装。 （2）本体至相邻设备连线安装。 （3）单体调试	（1）引下线（与设备或母线配套安装或是同期安装时包含在设备清单中）安装、导线金具材料费应计入本清单中，项目特征描述增加导线、金具规格等内容。 （2）成套设备内部连接用的铜铝排、铜线、固定导线用的小绝缘子等不用另设清单项，应含在本清单中
		定额工作内容、工程量计算规则及其他说明等	中性点接地成套设备一面柜为一台，已包含其中一次设备的单体调试

2.3.2　配电装置

序号	名称	审核要点	审核原则
1	断路器	清单工作内容含： （1）本体及附件安装。 （2）本体连接电缆敷设、电缆头安装。 （3）本体至相邻一组（或台）设备连线安装。	（1）引下线（与设备或母线配套安装或是同期安装时包含在设备清单中）安装、导线金具材料费应计入本清单中，项目特征描述增加导线、金具规格等内容。 （2）断路器本体端子箱安装含在本清单中。 （3）油断路器油过滤含在本清单中。

续表

序号	名称	审核要点	审核原则
1	断路器	（4）端子箱安装。 （5）油断路器油过滤。 （6）单体调试	（4）"断路器"清单项目工作内容不包括金属平台和爬梯的制作安装，发生时选用"铁构件"清单项目。 （5）断路器底部支柱安装包含在"断路器"清单项目工作内容中。 （6）"断路器"清单项目工作内容不包括二次灌浆，需要时选用建筑工程的相应清单项目
		定额工作内容、工程量计算规则及其他说明等	断路器安装等以"台"为计量单位，三相为一台；罐式断路器安装按SF_6断路器安装定额子目乘以系数1.2
2	组合电器	清单工作内容含： （1）本体及附件安装。 （2）本体连接电缆敷设、电缆头安装。 （3）本体至相邻一组（或台）设备连线或母线引下线安装。 （4）端子箱安装。 （5）除锈防腐。 （6）单体调试装	"组合电器"清单项目适用于SF_6全封闭组合电器、SF_6全封闭组合电器主母线、复合式组合电器、SF_6全封闭组合电器进出线套管、空气外绝缘高压组合电器、散开式组合电器等各种型号规格及用途的组合电器。 （1）引下线（与设备或母线配套安装或是同期安装时包含在设备清单中）安装、导线金具材料费应计入本清单中，项目特征描述增加导线、金具规格等内容。 （2）以台计量，按设计图示数量计算，三相为一台。 （3）用于SF_6全封闭组合电器、复合式组合电器、空气外绝缘高压组合电器时，以"台"为单位计量，三相为一台。 （4）"组合电器"清单项目用于SF_6全封闭组合电器（带断路器）时，按断路器数量计算，以"台"为单位计量，三相为一台；用于SF_6全封闭组合电器（不带断路器）时，按母线电压互感器和避雷器的组合数量计算，以"台"为单位计量，每组合为一台；用于为远景扩建方便预留的组合电器（前期先建母线及母线侧隔离开关）时，以"台"为单位计量，每间隔为一台。 （5）组合电器如有成套供应的操作柜时，其安装工作包括在"组合电器"清单项目工作内容中。

序号	名称	审核要点	审核原则
2	组合电器	清单工作内容含: (1)本体及附件安装。 (2)本体连接电缆敷设、电缆头安装。 (3)本体至相邻一组(或台)设备连线或母线引下线安装。 (4)端子箱安装。 (5)除锈防腐。 (6)单体调试装	(6)防腐要求:包括补漆、喷漆、冷涂锌、喷涂等。 (7)用于敞开式组合电器时,以"组"为单位计量,三相为一组。 (8)组合电器如有成套供应的操作柜时,其安装工作包括在"组合电器"清单项目工作内容中。 (9)用于SF_6全封闭组合电器主母线时,以"m(三相)"为单位计量;按设计图示SF_6全封闭组合电器主母线中心线延长米的长度计算工程量;如主母线为单相式的,按各相主母线中心线延长米的长度之和的1/3计算工程量,均不扣除附件所占长度。 (10)SF_6全封闭组合电器进出线套管以个计量,按设计图示SF_6全封闭组合电器进出线套管数量计算
		定额工作内容、工程量计算规则及其他说明等	SF_6全封闭组合电器(带断路器)以断路器数量计算工程量,SF_6全封闭组合电器(不带断路器)以母线电压互感器和避雷器之和为一组计算工程量,每组为一台。 为远景扩建方便预留的组合电器,前期先建母线及母线侧隔离开关,执行SF_6全封闭组合电器(不带断路器)定额,每间隔为一台。 GIS间隔安装定额工作内容已含分支母线安装。 GIS安装中不包含无尘化设施安装,发生时按照相应施工方案计列费用。 金属平台和爬梯的安装,组合电器的整体油漆,发生时执行《电力建设工程预算定额(2018年版) 第三册 电气设备安装工程》相应定额子目
3	隔离开关	清单工作内容含: (1)本体及附件安装。 (2)本体至相邻一组(或台)设备连线或母线引下线安装。 (3)单体调试	引下线(与设备或母线配套安装或是同期安装时包含在设备清单中)安装、导线金具材料费应计入本清单中,项目特征描述增加导线、金具规格等内容。 以组为单位时三相为一组;台为单位时三相为三台。 隔离开关延长轴(图纸可能标识为水煤气管)安装已含在清单工作内容中

序号	名称	审核要点	审核原则
3	隔离开关	定额工作内容、工程量计算规则及其他说明等	定额套用及工程量计算规则：隔离开关安装以"组/三相"为计量单位，三相为一组。 户内隔离开关传动装置需配延长轴时，定额人工乘以系数1.1。户外隔离开关按中形布置考虑，如安装高度超过6m时，不论三相带接地或带双接地均执行"安装高度超过6m"定额；如操动机构为地面操作时另加垂直拉杆主材费；操动机构按手动、电动、液压综合取定，使用时不作调整
4	接地开关	清单工作内容含： （1）本体及附件安装。 （2）母线引下线安装。 （3）单体调试	引下线安装、导线金具材料费应计入本清单中
		定额工作内容、工程量计算规则及其他说明等	单相接地开关安装以"台/单相"为计量单位
5	负荷开关	清单工作内容含： （1）本体及附件安装。 （2）本体至相邻一组（或台）设备连线或母线引下线安装。 （3）端子箱安装。 （4）单体调试	引下线安装、导线金具材料费应计入本清单中
		定额工作内容、工程量计算规则及其他说明等	负荷开关的安装可执行同电压等级的隔离开关的安装定额子目
6	电流互感器	清单工作内容含： （1）本体安装。 （2）本体至相邻一组（或台）设备连线安装。 （3）端子箱安装。 （4）油过滤。 （5）单体调试	引下线安装、导线金具材料费应计入本清单中

续表

序号	名称	审核要点	审核原则
6	电流互感器	定额工作内容、工程量计算规则及其他说明等	定额套用及工程量计算规则；互感器安装等以"台/单相"为计量单位，以单相为一台。 SF_6 电流互感器安装时定额人工乘以系数1.08。 油浸式互感器如需吊芯检查定额人工与定额机械乘以系数2.0
7	电压互感器	清单工作内容含： （1）本体安装。 （2）本体至相邻一组（或台）设备连线安装。 （3）端子箱安装。 （4）油过滤。 （5）单体调试	引下线安装、导线金具材料费应计入本清单中
		定额工作内容、工程量计算规则及其他说明等	定额套用及工程量计算规则：互感器安装等以"台/单相"为计量单位，以单相为一台。 SF_6 电压互感器安装时按油浸式定额人工乘以系数1.05。 油浸式互感器如需吊芯检查定额人工与定额机械乘以系数2.0
8	避雷器	清单工作内容含： （1）本体及附件安装。 （2）本体至相邻一组（或台）设备连线或母线引下线安装。 （3）单体调试	引下线安装、导线金具材料费应计入本清单中。 清单单位为组，三相为一组，则单相避雷器工作量为1/3。 放电计数器及连接铜线，清单工作内容已含，不应另列清单
		定额工作内容、工程量计算规则及其他说明等	避雷器安装等以"组/三相"为计量单位。 过电压保护器安装按同电压等级氧化锌避雷器安装定额子目计算。 避雷器安装中均包括放电计数器的安装，以及附件的安装，但不包括钢支架的安装。 避雷器安装按三相考虑，单相避雷器安装按同电压等级的避雷器乘以系数0.33，两相避雷器安装按同电压等级的避雷器乘以0.66

序号	名称	审核要点	审核原则
9	电容器	清单工作内容含： （1）本体及附件安装。 （2）本体至相邻一组（或台）设备连线安装。 （3）单体调试	（1）以组计量，按设计图示数量计算，三相为一组。 （2）以台计量，按设计图示数量计算。 （3）"电容器"清单项目适用于电力电容器、集合式电容器、并联电容器组、自动无功补偿装置等各种型号规格及用途的电容器。 （4）用于集合式电容器、并联电容器组、自动无功补偿装置时，以"组"为单位计量。 （5）"电容器"清单项目适用于并联电容器组时，其包含的配电装置设备安装不再单列清单项目。 （6）电容器内部连接铜铝排清单工作内容已含，不应另列清单项
		定额工作内容、工程量计算规则及其他说明等	（1）电容器安装等以"只"为计量单位，一个为一只。 （2）耦合电容器安装定额子目，单位由"台"调整为"台/单相"。 （3）集合式并联电容器安装按电压及容量以"组/三相"为单位套用定额，定额中未包括设备本体支持绝缘子的安装
10	熔断器	清单工作内容含： （1）本体安装。 （2）本体至相邻一组（或台）设备连线安装。 （3）单体调试	引下线安装、导线金具材料费应计入本清单中。按设计图示数量计算，三相为一组
		定额工作内容、工程量计算规则及其他说明等	不区分户内、户外，统一为熔断器，根据电压定额套用相应定额
11	放电线圈	清单工作内容含： （1）本体安装。 （2）本体至相邻一组（或台）设备连线安装。 （3）单体调试	引下线安装、导线金具材料费应计入本清单中，单位为"台"
		定额工作内容、工程量计算规则及其他说明等	单位为"台/单相"

续表

序号	名称	审核要点	审核原则
12	阻波器	清单工作内容含： （1）本体安装。 （2）本体至相邻一组（或台）设备连线或母线引下线安装。 （3）单体调试	引下线安装、导线金具材料费应计入本清单中，单位为"台"
		定额工作内容、工程量计算规则及其他说明等	单位为"台/单相"
13	结合滤波器	清单工作内容含： （1）本体安装。 （2）本体至相邻一组（或台）设备连线安装。 （3）单体调试	（1）引下线安装、导线金具材料费应计入本清单中。 （2）"结合滤波器"清单项目工作内容包括接地开关（隔离开关）的安装工作
		定额工作内容、工程量计算规则及其他说明等	单位为"套/单相"
14	成套高压配电柜	清单工作内容含： （1）本体安装。 （2）主母线及引线配制安装。 （3）绝缘热缩安装。 （4）单体调试	（1）项目特征中的"绝缘热缩材料类型"包括保护套、接线盒等。 （2）主母线安装清单含，但高压柜安装定额不含，需另套铜排敷设定额，材料厂供，不计材料费。 （3）绝缘热缩清单含，但高压柜安装定额不含，需另套热缩定额，一般热缩材料为开关柜厂家提供，不计材料费
		定额工作内容、工程量计算规则及其他说明等	（1）成套高压配电柜、接地变压器柜、中性点接地成套设备一面柜为一台，已包含其中一次设备的单体调试。 （2）成套高压配电柜的基础槽钢或角钢的安装、埋设，主母线与隔离开关之间的母线配制，柜的二次补漆或喷漆，发生时执行《电力建设工程预算定额（2018年版）第三册 电气设备安装工程》相应定额子目

序号	名称	审核要点	审核原则
15	接地电阻柜	清单工作内容含 （1）本体安装。 （2）单体调试	单位"台"，按设计图示数量计算
		定额工作内容、工程量计算规则及其他说明等	小电阻接地成套装置一面柜为一套，已包含其中一次设备的单体调试

2.3.3 母线、绝缘子安装

序号	名称	审核要点	审核原则
1	悬垂绝缘子	清单工作内容含： （1）绝缘子串组合、安装。 （2）单体调试	（1）适用于单独安装的悬垂绝缘子串（如横拉线绝缘子串、跳线悬挂绝缘子串、阻波式悬挂绝缘子串等）。 （2）根据施工图纸区分单双串，其中Ｖ形绝缘子串按照一个Ｖ形为一串，按照双串考虑。 （3）悬垂绝缘子串不适用于耐张绝缘子串安装，与母线悬挂或连接固定的耐张绝缘子（串）已包含在母线安装清单项目中
		定额工作内容、工程量计算规则及其他说明等	（1）定额电压等级根据施工图纸确定。 （2）计量单位为"串"，Ｖ形绝缘子串按悬垂绝缘子串双串考虑
2	支柱绝缘子	清单工作内容含： （1）本体及附件安装。 （2）单体调试	根据施工图纸确定电压等级及安装地点为户内还是户外
		定额工作内容、工程量计算规则及其他说明等	（1）户内支持绝缘子计量单位为"100个"，户外支持绝缘子计量单位为"个"。 （2）35kV及以下户内绝缘子安装双孔与四孔区分点在固定支持绝缘子用的螺栓数量。 （3）110kV及以上软母线及支持绝缘子户内安装时，定额人工乘以系数1.3

续表

序号	名称	审核要点	审核原则
3	穿墙套管	清单工作内容含· （1）本体及附件安装。 （2）穿通板制作安装。 （3）单体调试	（1）根据施工图纸界定电压等级。 （2）"穿墙套管"清单项目特征中的"穿通板结构"指单层结构、双层结构。与建筑专业确认避免重复计列。 （3）穿墙套管如有成套供应的附属油箱、油管路、放油阀时，其安装工作包括在"穿墙套管"清单项目工作内容中
		定额工作内容、工程量计算规则及其他说明等	（1）穿墙套管计量单位为"个"。 （2）穿通板制作安装套用《电力建设工程预算定额（2018年版）第三册 电气设备安装工程》中第五章相关定额子目，按不同材质根据图示数量以"块"为单位计量，面积、厚度不同时定额不作调整。 （3）35kV以上高压穿墙套管属于设备
4	软母线	清单工作内容含: （1）软母线安装。 （2）跳线、引下线安装。 （3）绝缘子串安装。 （4）单体调试	（1）电压等级、截面、数量根据施工图纸界定。 （2）"软母线"清单项目特征中的"绝缘子串悬挂方式"指单串悬挂、双串悬挂，根据单相单处绝缘子串的串数确定
		定额工作内容、工程量计算规则及其他说明等	（1）计量单位为"跨/三相"。 （2）预算定额包括软母线安装和绝缘子串安装调试，未包含跳线、引下线安装调试。 （3）软母线安装定额中包含耐张绝缘子串安装与调试。 （4）软母线是按照单纯绝缘子悬架安装，设计为双串时，定额子目人工乘以系数1.1
5	引下线、跳线及设备连引线	清单工作内容含: （1）引下线、跳线安装。 （2）设备连接线安装	（1）根据施工图纸界定电压等级、截面、数量。 （2）"引下线、跳线及设备连引线"清单项目适用于不与设备或母线配套安装或是同期安装的，需单独安装的引下线、跳线及设备连引线，如扩建工程中不与新建设备或母线引接而只需单独安装等情形的引下线、跳线及设备连引线。与设备、母线连接的引下线、跳线及设备连引线已包含在设备、母线安装的清单项目中。 （3）"引下线、跳线及设备连引线"清单项目的适用线型为软导线

续表

序号	名称	审核要点	审核原则
5	引下线、跳线及设备连引线	定额工作内容、工程量计算规则及其他说明等	（1）根据分裂数选择不同定额，计量单位为"组/三相"。 （2）当引下线、跳线及设备连引线为单相、双相时，按三分之一、三分之二"组/三相"计算
6	带形母线	清单工作内容含： （1）带形母线、伸缩节及附件安装。 （2）绝缘热缩安装	（1）电压等级根据施工图纸界定。 （2）单片母线型号规格、每相片数根据施工图纸界定。 （3）"带形母线"清单项目特征中的"绝缘热缩材料类型"包括保护套、接线盒等
6	带形母线	定额工作内容、工程量计算规则及其他说明等	（1）硬母线安装包括带形、槽形、管形母线，硬母线安装时应考虑母线挠度和连接需要增加的工程量。硬母线配置安装预留长度按设计规定计算，如设计未明确预留长度则参考《电力建设工程预算定额（2018年版）第三册 电气设备安装工程》中"表4-1 硬母线安装预留长度表"的规定计算。 （2）带形铜母线、钢母线安装，执行同截面铝母线定额子目乘以系数1.4。 （3）母线伸缩节每相2、3、4片安装不再区分片数，统一为每相多片
7	管型母线	清单工作内容含： （1）母线本体、衬管及附件安装。 （2）绝缘子串安装。 （3）单体调试	（1）根据施工图纸界定电压等级和管母安装方式，支撑式管母以"m"为单位，悬挂式管母以"跨/三相"为单位。 （2）"管形母线"清单项目用于支撑式管母时，以"m"为单位计量，按设计图示单相中心线延长米计算，不扣除附件所占长度（不计算管形母线衬管长度）；用于悬挂式管母时，以"跨三相"为单位计量。"管形母线"清单项目特征中的"跨距"，适用于悬挂式管母
7	管型母线	定额工作内容、工程量计算规则及其他说明等	（1）硬母线安装包括带形、槽形、管形母线，硬母线安装时应考虑母线挠度和连接需要增加的工程量。硬母线配置安装预留长度按设计规定计算，如设计未明确预留长度则参考《电力建设工程预算定额（2018年版）第三册 电气设备安装工程》中"表4-1 硬母线安装预留长度表"的规定计算。 （2）支持式管形母线中，支柱绝缘子上的托架安装执行《电力建设工程预算定额（2018年版）第三册 电气设备安装工程》第5章相应定额子目。

续表

序号	名称	审核要点	审核原则
7	管型母线	定额工作内容、工程量计算规则及其他说明等	（3）悬吊式管形母线安装每"跨/三相"采用12串及以上V形绝缘子串悬吊安装时，定额乘以系数1.8。 （4）管形母线伸缩节头安装，可执行带形母线用伸缩节头安装定额子目乘以系数1.5。 （5）铜管母安装执行同管径支持式管形母线（铝管）定额子目乘以系数1.4
8	共箱母线	清单工作内容含：硬母线本体及附件安装	（1）"共箱母线"清单项目以"m"为单位计量，按设计图示尺寸（母线外壳中心线延长米的长度）计算工程量，不扣除附件所占长度。 （2）共箱母线、低压封闭式插接母线槽均按生产厂供应成品考虑，相应清单项目工作内容中只考虑现场安装，其中共箱母线按硬母线导体考虑；如共箱母线为现场自行加工制作安装时需另分别选用"带形母线""支柱绝缘子"等清单项目。 （3）"共箱母线"清单项目也适用于成套母线桥。 （4）编制工程量清单时，共箱母线、分相封闭母线应在分部分项工程量清单表的备注栏中注明采购供货方
		定额工作内容、工程量计算规则及其他说明等	（1）共箱母线安装等以"m（三相）"为计量单位。 （2）带形母线伸缩节、铜过渡板、共箱母线、封闭式插接母线槽均按生产厂供应成品考虑，定额只考虑现场安装

2.3.4 控制、继电保护及低压电器安装

序号	名称	审核要点	审核原则
1	计算机监控系统	清单工作内容含： （1）装置安装。 （2）柜体安装。 （3）柜间小母线安装。 （4）单体调试	（1）"计算机监控系统"清单项目包括全站单独组屏与不单独组屏的计算机监控系统设备及其附属设备的安装、单体调试工作。 （2）就地安装于一次设备本体，不单独组屏的合并单元、智能终端及保护、测控等各种装置的单体调试工作包含在"计算机监控系统"中，其安装工作按照一次设备厂家提供成套供货考虑，不再单列清单项目。 （3）以下设备、装置本体，现场遇有单独安装（含单体调试）的，仍然选用"计算机监控系统"相应的清单项目，并在备注中列出具体安装内容说明。

续表

序号	名称	审核要点	审核原则
1	计算机监控系统	清单工作内容含： （1）装置安装。 （2）柜体安装。 （3）柜间小母线安装。 （4）单体调试	1）站内各种计算机控系统设备及其附属设备本体，及就地安装于一次设备本体，不单独组屏的合并单元、智能终端及保护、测控等各种装置。 2）各种保护、自动装置、计量计费与采集、远动、故障录波、合并单元、智能终端、中央信号、智能汇控、智能控等各种类型装置本体。 3）防误设备、同步网设备、数据网接入设备、安全防护设备、信息安全的测评设备、智能助控制子系设备、智能在线监测设备、调度自动化数据主站系统设备等设备本体（或其材料）。 （4）编制工程量清单时，在设计资料中关于全站计算机监控、防误闭锁、同步时钟、数据网接入安全防护、信息安全测评、智能辅助控制、智能在线监测、调度自动化数据主站等（子）系统所属各设备（或其材料）的描述是翔实的前提下，可在清单项目的备注栏中补充列出具体安装内容及说明
		定额工作内容、工程量计算规则及其他说明等	凡配置智能终端装置、合并单元装置的变电站均需按配置数量计列单体调试子目。若为合并单元智能终端一体化装置，应同时计列这两项单体调试定额
2	防误闭锁系统	清单工作内容含： （1）装置安装。 （2）柜体安装。 （3）柜间小母线安装。 （4）单体调试	防误设备包括防误主机、模拟屏、电磁锁、编码锁、桩头等
		定额工作内容、工程量计算规则及其他说明等	根据防误设备选择相应的定额子目，包括单体调试
3	控制及保护盘台柜	清单工作内容含： （1）装置安装。 （2）柜体安装。 （3）柜间小母线安装。 （4）单体调试	"控制及保护盘台柜"清单项目适用于单独组屏的各种保护、自动装置、计量计费与采集、远动、故障录波、合并单元、智能终端、中央倍号、智能汇控、智能控制等各种类型装置屏柜。编制工程量清单时，按不同的屏柜名称以特征顺序码加以区别

续表

序号	名称	审核要点	审核原则
3	控制及保护盘台柜	定额工作内容、工程量计算规则及其他说明等	（1）计量单位为"台"，其中模拟屏计量单位为"㎡"。 （2）控制屏（柜）安装适用于自动装置、计量等类型屏柜。保护屏（柜）安装适用于保护、测控等类型屏柜。定额中对屏柜中控制装置、保护装置的类型、套数均作了综合考虑，执行时不再换算或增减。模拟屏已按各种材质屏面综合考虑。智能汇控柜按照就地自动控制屏定额子目乘以系数2.0。 （3）屏上其他附件安装适用于标签框、试验盒、光字牌、信号灯、附加电阻、连接片及二次回路熔断器、分流器等。 （4）低压电器设备中成套开关柜定额综合考虑了各种进线柜、出线柜、联络柜、计量柜、电容器柜等工作内容，执行时按台数计算即可，不作换算。 （5）安装中的屏柜均为成套产品，屏柜上的设备（元器件）及连接导线（母线）均已配置安装好
4	同步时钟系统	清单工作内容含： （1）装置安装。 （2）柜体安装。 （3）柜间小母线安装。 （4）单机测试	同步网设备包括主站时钟、扩展时钟、卫星接收机、接收天线、接收馈线等
		定额工作内容、工程量计算规则及其他说明等	（1）套用变电站（电厂）数字同步设备安装调测相关子目。 （2）卫星接收机，以"台"为单位计量。无论对应何种卫星均执行此定额子目，不作调整
5	调度数据网接入系统	清单工作内容含： （1）装置安装。 （2）柜体安装。 （3）柜间小母线安装。 （4）单机测试	数据网接入设备、安全防护设备包括交换机、路由器、硬件防火墙、纵横向加密认证装置、入侵检测系统及其他网络设备
		定额工作内容、工程量计算规则及其他说明等	根据接入设备选择相应的定额子目，包括单体调试

序号	名称	审核要点	审核原则
6	二次安全防护系统	清单工作内容含: (1)装置安装。 (2)柜体安装。 (3)柜间小母线安装。 (4)单机测试	安全防护设备单体调试项目包括交换机、路由器、硬件防火墙、纵向加密认证装置、横向加密认证装置、入侵检测系统和其他网络设备
		定额工作内容、工程量计算规则及其他说明等	根据防护设备选择相应的定额子目,包括单体调试
7	信息安全测评(等级保护测评)系统	清单工作内容含: (1)装置安装。 (2)柜体安装。 (3)柜间小母线安装。 (4)单机测试	信息安全的测评设备包括服务器/操作系统、工作站操作系统、网络设备等
		定额工作内容、工程量计算规则及其他说明等	(1)根据信息安全的测评设备选择相应的定额子目,包括单体调试。 (2)建议凡配置与信息安全评测有关设备的调度主站或变电站均需计列相应信息安全评测(等级保护评测)单体调试子目
8	智能辅助控制系统	清单工作内容含: (1)装置安装。 (2)柜体安装。 (3)柜间小母线安装。 (4)线缆敷设。 (5)单体调试	(1)智能辅助控制的子系统指图像监视系统、火灾报警系统、环境监视系统(环境信息采集系统)、电子围栏、门禁系统、SF_6泄漏报警系统等子系统。 (2)除火灾报警系统外,水、气体、泡沫灭火系统等其他特殊消防系统的工作,以及消防器材等,均列入建筑工程。 (3)清单包含由厂家提供的线缆敷设。由施工单位采购的电缆保护管、线缆等应另列清单项
		定额工作内容、工程量计算规则及其他说明等	根据智能辅助控制系统图纸所列设备和材料套用安装和通信相关定额

续表

序号	名称	审核要点	审核原则
9	设备智能在线监测系统	清单工作内容含: (1)装置安装。 (2)柜体安装。 (3)柜间小母线安装。 (4)线缆敷设。 (5)单体调试	"设备智能在线监测系统"清单项目工作内容均包括了按各(子)系统设计资料明确的采集(探测)器、一体机等各种设备、屏柜的安装,各相应电线、电缆、光缆、线缆护管、线缆桥支吊架以及线缆终端制作安装或熔接、单体调试等工作;不包括设备基础施工工作,设备基础施工工作列入建筑工程
		定额工作内容、工程量计算规则及其他说明等	(1)智能组件安装以"台"为计量单位计算。智能组件设备安装按照整组元件为一台计量。 (2)在线监测智能组件柜安装共11个定额子目,分别为测量IED、变压器局部放电监测IED、变压器油色谱在线监测IED、断路器/GIS局部放电监测IED、避雷器绝缘监测IED等,单位为套
10	低压成套配电柜	清单工作内容含: (1)本体安装。 (2)柜间母线桥及柜上母线安装。 (3)绝缘热缩安装。 (4)单体调试	"低压成套配电柜"清单项目适用于低压成套开关柜、动力盘、交流配电屏等类型屏柜
		定额工作内容、工程量计算规则及其他说明等	(1)根据具体设备类型套相关定额,包括单体调试。 (2)低压电器设备中成套开关柜定额综合考虑了各种进线柜、出线柜、联络柜、计量柜、电容器柜等工作内容,执行时按台数计算即可,不作换算
11	辅助设备与设施	清单工作内容含: (1)本体安装。 (2)屏上开孔。 (3)二次回路配线。 (4)防锈防腐	"辅助设备与设施"清单项目适用于不与设备配套同期安装、需单独安装的各种辅助设备与设施,如端子箱、控制箱、屏边、表计及继电器、组合继电器、低压熔断器、空气开关、铁壳开关、胶盖闸刀开关、刀型开关、组合开关、万能转换开关、限位开关、控制器、低压电阻(箱)、低压电器按钮、剩余电流动作保护器,以及标签框、试验盒、光字牌、信号灯、附加电阻、连接片及二次回路熔断器、分流器等屏上小附件。用于端子箱、控制箱、屏边时,以"台"为单位计量;用于其他设备、设施时,以"个"为单位计量

序号	名称	审核要点	审核原则
11	辅助设备与设施	定额工作内容、工程量计算规则及其他说明等	（1）端子箱安装以"套"为计量单位。 （2）端子箱安装已综合考虑各种类型，使用时均不作调整
12	铁构件	清单工作内容含： （1）制作。 （2）除锈防腐。 （3）安装	（1）"铁构件"清单项目适用于设备、材料底部基座，支架的构件，不适用于设备底部支柱，设备底支柱（如离心杆支架、钢管支架、型钢支架等）选用建筑工程的相关清单项目。 （2）项目特征中用途是指基础型钢、支持型钢等，设备底部基座基槽钢、角钢、轨道钢等各种基础性型钢如为预埋施工的，列入建筑工程
12	铁构件	定额工作内容、工程量计算规则及其他说明等	（1）铁构件制作安装以"t"为计量单位。 （2）铁构件制作、安装适用于各类支架、底座、构件的制作、安装。 （3）轻型铁构件适用于结构厚度在3mm以内的构件。 （4）铁构件制作安装中的防腐处理按镀锌考虑，镀锌材料费另计。若需其他防腐处理应另计费用
13	保护网	清单工作内容含： （1）制作。 （2）除锈防腐。 （3）安装	确认厂家供货还是施工单位供货
13	保护网	定额工作内容、工程量计算规则及其他说明等	按照图纸尺寸标注计算面积，计算时应注意靠墙部分是否安装保护网
14	调度自动化数据主站系统	清单工作内容含： （1）装置安装。 （2）柜体安装。 （3）单体调试	（1）调度自动化数据主站系统设备包括服务器、工作站、商用数据库、磁盘列阵、应用软件等。 （2）各级调度端指县调、地调、省调等，各数据主站指"调度自动化系统""继电保护和故障录波信息管理系统""配电自动化系统""电能量计量系统""大客户负荷管理系统""信息安全测评系统（等级保护测评）""调度数据网"等
14	调度自动化数据主站系统	定额工作内容、工程量计算规则及其他说明等	电网调度自动化主站设备单体调试项目包括服务器、工作站、商用数据库、磁盘阵列、应用软件和调度大屏幕6项单体调试子目

2.3.5　交直流电源安装

序号	名称	审核要点	审核原则
1	蓄电池	清单工作内容含: （1）支架安装。 （2）电池屏（柜）本体安装。 （3）电池本体及附件安装。 （4）充放电、补充电。 （5）单体调试	（1）"蓄电池"清单项目用于免维护蓄电池时，以"只"为单位计量；用于其他形式蓄电池时，以"组"为单位计量。 （2）直流系统绝缘检测装置的安装、单体调试等工作均包含在"蓄电池"清单项目工作内容中。 （3）蓄电池支架按生产厂供应成品考虑，相应清单项目工作内容只考虑现场安装，如为现场自行加工制作安装时另选用"铁构件"等相关清单项目。 （4）站内通信专用蓄电池与直流系统设备安装，选用通信工程清单项目；交直流一体化电源在变电通信共用时仍选用"蓄电池"的清单项目
		定额工作内容、工程量计算规则及其他说明等	（1）蓄电池支架以"m"为计量单位，蓄电池支架按成品考虑，安装按膨胀螺栓固定方式考虑。 （2）蓄电池充放电以"组"为计量单位。 （3）碱性蓄电池按单体成品蓄电池，电解液已注入，组合安装后即可充电使用，补充用电解液按随设备提供考虑。密闭式铅酸蓄电池的容器、电极板、连接铅条、紧固螺栓、螺母、垫圈等由制造厂散件装箱供货。 （4）蓄电池抽头电缆及其保护管的敷设接线执行《电力建设工程预算定额（2018年版）第三册　电气设备安装工程》中第8章相应定额子目。 （5）蓄电池充放电以"组"为计量单位。免维护蓄电池组补充电按同容量蓄电池组充放电定额子目乘以系数0.2。 （6）蓄电池巡检仪以"套"为计量单位
2	交直流配电盘台柜	清单工作内容含: （1）装置安装。 （2）框体安装。 （3）单体调试	（1）"交直流配电盘台柜"清单项目适用于整流屏、充电屏、开关电源屏、直流馈（分）电屏、交直流切换屏、交直流电源一体化屏、整流模块、防雷模块等设备。 （2）用于整流屏、充电屏、开关电源屏、直流馈（分）电屏、交直流切换屏、交直流电源一体化屏时，以"台"为单位计量。 （3）用于整流模块、防雷模块时，以"块"为单位计量

续表

序号	名称	审核要点	审核原则
2	交直流配电盘台柜	定额工作内容、工程量计算规则及其他说明等	整流电源屏以"台"为计量单位，模块以"块"为计量单位
3	三相不间断电源装置	清单工作内容含： （1）装置安装。 （2）柜体安装。 （3）单体调试	不间断电源装置的主机柜、旁路柜，馈线柜安装工作包括在"三相不间断电源装置"清单项目中，均不再单列清单项目
		定额工作内容、工程量计算规则及其他说明等	（1）UPS安装以"套"为计量单位。 （2）UPS安装包括了UPS主机、电池柜、接线安装工作

2.3.6　电缆安装

序号	名称	审核要点	审核原则
1	电力电缆	清单工作内容含： （1）揭盖盖板。 （2）电缆沟挖填土。 （3）电缆沟铺砂、盖砖。 （4）电缆敷设。 （5）终端制作安装。 （6）单体调试	（1）工作内容不包括人工开挖路面及路面修复工作。人工开挖、修复路面后的余土外运工作，发生时选用建筑工程清单项目。 （2）电沟挖填土遇有清理障碍物、排水及其他措施性工作时，可以在措施项目清单中考虑相关费用。 （3）电缆敷设有在积水区、水底、井下施工时，可以在措施项目清单中考虑相关费用。 （4）电缆敷设、安装需要制作隔热层、保护层时，可以在措施项目清单中考虑相关费用
		定额工作内容、工程量计算规则及其他说明等	（1）计量单位为"100m"。 （2）电缆长度计算应包括波形系数、设计规程规定的预留长度。 （3）电缆敷设及电缆头制作定额按铜芯、铝芯综合考虑，无论铜芯、铝芯电缆均不作调整。 （4）电力电缆截面是指单芯电力电缆截面积，多芯电力电缆按最大单芯截面积计算。 （5）电力电缆和控制电缆均按照一根电缆有两个终端头计算。电力电缆按设计图示计算中间头，控制电缆原则上不计算中间头。 （6）电力电缆试验执行《电力建设工程预算定额（2018年版）第三册　电气设备安装工程》中第12章相应定额子目

序号	名称	审核要点	审核原则
2	控制电缆	清单工作内容含： （1）揭盖盖板。 （2）电缆沟挖填土。 （3）电缆沟铺砂、盖砖。 （4）电缆敷设。 （5）终端制作安装。 （6）单体调试	（1）"控制电缆"清单项目适用于控制电缆、热工控制电缆、屏蔽电缆、计算机电缆、高频电缆等。 （2）变电站监控、保护、自动化系统各种型式光缆的敷设安装、接续、测试等工作，选用通信工程清单项目。 （3）工作内容不包括人工开挖路面及路面修复工作
		定额工作内容、工程量计算规则及其他说明等	（1）计量单位为"100m"。 （2）电缆长度计算应包括波形系数、设计规程规定的预留长度。 （3）电缆敷设及电缆头制作定额按铜芯、铝芯综合考虑，无论铜芯、铝芯电缆均不作调整。 （4）4芯以下控制电缆敷设执行10mm^{2}以下电力电缆敷设定额，15~37芯控制电缆敷设执行35mm^{2}以下电力电缆敷设定额，38芯及以上控制电缆敷设执行120mm^{2}以下电力电缆敷设定额。 （5）电力电缆和控制电缆均按照一根电缆有两个终端头计算。电力电缆按设计图示计算中间头，控制电缆原则上不计算中间头
3	人工开挖路面	清单工作内容含： （1）路面测量、划线。 （2）路面切割、挖掘。 （3）路面修复	人工开挖、修复路面后的余土外运工作，发生时选用建筑工程清单项目
		定额工作内容、工程量计算规则及其他说明等	计量单位为"m^2"
4	电缆支架	清单工作内容含： （1）制作。 （2）除锈防腐。 （3）安装	（1）"电缆支架"清单项目适用于复合支架、钢质支架等。用于复合支架时，以"副"为单位计量；用于钢质支架时，以"t"为单位计量。 （2）"电缆支架"清单项目特征中的"防腐要求"包括补漆、镀锌等。 （3）建筑专业核实数量，避免遗漏

序号	名称	审核要点	审核原则
4	电缆支架	定额工作内容、工程量计算规则及其他说明等	复合支架计量单位为"副"，铝合金桥架、托盘安装计量单位为"m"，钢制桥架、钢制槽盒托盘计量单位为"t"
5	电缆桥架	清单工作内容含：桥架及附件安装	（1）电缆桥架、槽盒等均按生产厂供应成品考虑，相应清单项目工作内容中只需考虑现场安装、补漆等。 （2）"电缆桥架"清单项目工程量计算均包括各种相应连接件（如托盘、槽盒等）的长度与质量。 （3）"电缆桥架"清单项目适用于复合桥架、铝合金桥架、钢质桥架、不锈钢桥架、钢组合支架等。 （4）用于复合桥架、铝合金桥架时，以"m"为单位计量；用于钢质桥架、不锈钢桥架、钢组合支架时，以"t"或"m"为单位计量。 （5）电缆井罩选用"铁构件"清单项目
		定额工作内容、工程量计算规则及其他说明等	（1）不锈钢桥架执行钢桥架定额子目乘以系数1.1。 （2）复合桥架、托盘、槽盒按铝合金桥架、托盘、槽盒定额子目乘以系数1.3。 （3）电缆桥架、托盘、槽盒的安装定额均按生产厂家供应成套成品，现场直接安装考虑的
6	电缆保护管	清单工作内容含： （1）电缆保护管敷设。 （2）保护管沟挖填土	根据施工图核实电缆保护管材质、型号及工程量和主材费用
		定额工作内容、工程量计算规则及其他说明等	核实是否直埋，直埋需套用直埋电缆和保护管挖填土定额，电缆保护管理地敷设，其土方量凡有施工图注明的，按施工图计算；无施工图的，一般按沟深900mm、沟宽400mm计算
7	电缆防火设施	清单工作内容含：防火设施安装	（1）"电缆防火设施"清单项目适用于阻燃槽盒、防火带、防火隔板、防火墙、组合模块（ROXTEC）、防火膨胀模块、有机堵料、无机堵料、防火涂料等，其中防火墙指电缆沟、井内的防火隔墙等。 （2）用于阻燃槽盒、防火带时，以"m"为单位计量。 （3）用于防火隔板、防火墙、组合模块（ROXTEC）时，以"m²"为单位计量。

序号	名称	审核要点	审核原则
7	电缆防火设施	清单工作内容含：防火设施安装	（4）用于防火膨胀模块时，以"m³"为单位计重。 （5）用于有机堵料、无机堵料、防火涂料时，以"t"为单位计量。 （6）防火密封胶单位按"L"，只计主材费
		定额工作内容、工程量计算规则及其他说明等	（1）阻燃槽盒计量单位为"m"，防火隔板计量单位为"m²"，防火堵料、防火涂料、防火包计量单位为"t"，防火带计量单位为"100m"，防火隔墙计量单位为"m²"。 （2）阻燃槽盒定额按不同截面综合考虑，执行时均不作调整。 （3）防火密封模块、防火砖执行防火堵料定额子目，防火涂层板执行防火隔板定额子目，防火布执行防火带定额子目

2.3.7　照明

序号	名称	审核要点	审核原则
1	构筑物照明灯	清单工作内容含： （1）灯杆组立、灯具及附件安装。 （2）电线管敷设。 （3）管内穿线	（1）"构筑物照明灯"清单项目适用于全站户外场地照明，户内照明选用建筑工程清单项目。 （2）户外场地照明灯具相应配套的电线管敷设（包括电线管管沟挖填土）、照明电缆（线）的管内穿线敷设已包含在照明灯清单项目工作内容中，不再单列相应清单项目。 （3）户外照明属安装工程费，户内照明属建筑工程费。 （4）核实各种照明灯具、照明电缆甲乙供。 （5）注意清单包含的工作内容不需另列清单
		定额工作内容、工程量计算规则及其他说明等	（1）设备照明安装定额中未包含照明配电箱的电源电缆敷设及接线。 （2）以"套"为计量单位

续表

序号	名称	审核要点	审核原则
2	道路照明灯	清单工作内容含： （1）基坑挖填、基础安装。 （2）灯杆组立、灯具及附件安装。 （3）电线管敷设。 （4）管内穿线	（1）道路照明含基坑挖填、基础安装。 （2）设备照明安装定额中照明配电箱的电源电缆敷设及接线
		定额工作内容、工程量计算规则及其他说明等	（1）以"基"或"套"为计量单位。 （2）定额含基坑开挖、基础安装，组立等工作内容
3	配电箱	清单工作内容含： （1）本体安装。 （2）除锈防腐	（1）"配电箱"清单项目适用于动力箱、检修电源箱、户外照明配电箱等。户外照明配电箱的进线电缆、电缆保护管敷设安装工作，另选用相应的清单项目。 （2）"配电箱"清单项目特征中的"防腐要求"包括补漆、喷漆、冷涂锌喷涂等。 （3）核实设备甲乙供范围，一般检修电源箱甲供，照明配电箱、动力配电箱、风机控制箱、空调控制箱、水泵房控制（动力）箱乙供；各地市局另有要求的按各地市局要求
		定额工作内容、工程量计算规则及其他说明等	根据具体的设备套用《电力建设工程预算定额（2018年版）第三册 电气设备安装工程》中第5章低压电气设备相关定额

2.3.8 接地

序号	名称	审核要点	审核原则
1	接地母线	清单工作内容含： （1）接地沟开挖及回填土夯实。	（1）除接地清单项目外，Q/GDW 11338—2014《变电工程工程量计算规范》变电安装工程其余工程量清单项目工作内容均不含接地装置、接地引下线的安装。 （2）接地清单项目适用于全站主接地网接地装置、全站接地引下线安装，建筑物的避雷网等选用建筑工程清单项目，其中：

续表

序号	名称	审核要点	审核原则
1	接地母线	（2）接地母线敷设。 （3）接地极制作安装。 （4）接地跨接线安装。 （5）单体调试	1）全站主接地网接地装置包括户外主接地网，户内、电缆沟内电线夹层与竖井内接地母线、汇流线等。 2）全站接地引下线清单项目适用于全站构支架、全站设备及构配件设施（如电支架、电线桥架等）、独立避雷针等所有需要接地的设备与设施的接地（下）线安装。 （3）"接地母线"清单项目特征中的埋深、换填土要求仅适用于户外接地母线
		定额工作内容、工程量计算规则及其他说明等	（1）接地极以"根"为计量单位，接地模块以"个"为计量单位，接地降阻剂以"kg"为计量单位，离子接地极以"套"为计量单位。 （2）接地母线计量单位为"100m"，接地跨接线计量单位为"处"，铜编织带、多股软铜线计量单位为"m"。 户外接地母线敷设按自然地坪考虑，包括地沟的挖填土和夯实工作，地沟土方断面尺寸为底宽400mm、上口宽600mm、沟深750mm，每米沟的土方量为0.34m³，超出部分可另计。 （3）电缆沟道内接地扁钢（铜带）敷设，执行户内接地母线敷设定额子目。 （4）铜包钢、铅包铜参照铜接地执行。 （5）热熔焊接计量单位为"处"，以每个搭接点为一处，定额综合考虑了对接、T接、十字接等多种搭接方式，不论采用何种搭接方式执行时均不作调整
2	全站接地引下线	清单工作内容含：全站接地引下线安装	适用于所有需要接地的设备或设施接地引（下）线
		定额工作内容、工程量计算规则及其他说明等	设备只计列主材费，安装费在设备安装中已包含
3	阴极保护井	清单工作内容含： （1）保护井安装。 （2）电极安装。 （3）单体调试	"阴极保护井""深井接地"清单项目工作内容中未包括钻井，发生时参照建筑工程清单项目

序号	名称	审核要点	审核原则
3	阴极保护井	定额工作内容、工程量计算规则及其他说明等	阴极保护是利用外加电源法的一种阴极保护形式，分列了阴极保护井的安装和井内电极的安装2个项目。定额不包括土建钻井工作。钻井费用可参照接地深井成井定额子目
4	降阻接地	清单工作内容含：降阻接地安装	（1）"降阻接地"清单项目适用于接地模块、降阻剂、离子接地极等。用于接地模块时，以"个"为单位计量。 注意本清单有三个清单单位的选用：接地模板清单单位"个"，降阻剂清单单位"kg"，离子接地极清单单位"套"。 （2）"降阻接地"清单项目工作内容还包括孔的开挖与回填
		定额工作内容、工程量计算规则及其他说明等	根据降阻接地类型套用相关定额
5	深井接地	清单工作内容含： （1）电极安装。 （2）电缆敷设。 （3）单体调试	工作内容未包含钻井费用，发生时选用建筑清单
		定额工作内容、工程量计算规则及其他说明等	（1）计量单位为"根"。 （2）接地深井安装定额中综合考虑了钢管接地深井与离子接地深井两种方式，定额不包括钻井费用。接地定额不适用于采用爆破法敷设接地线和接地极。钻井费用可参照接地深井成井定额子目

2.3.9 通信系统

序号	名称	审核要点	审核原则
1	光纤数字传输设备	清单工作内容含： （1）安装固定、接地。 （2）单机性能测试。 （3）复用设备调试。 （4）安装调测监控或网管设备	（1）"光纤数字传输设备"清单项目适用于PDH光端机、SDH光端机、复用电端机。 （2）"光纤数字传输设备"以"端"为计量单位，用于分叉复用器（ADM）时为2个光方向的设备安装、调试工作内容，用于终端复用器（TM）时为1个光方向的设备安装、调试工作内容

续表

序号	名称	审核要点	审核原则
1	光纤数字传输设备	定额工作内容、工程量计算规则及其他说明等	（1）定额含安装接口盘、接地、单机性能测试、网元级网管系统、全电路电口调测、运行试验。 （2）光纤同步数字（SDH）传输设备安装调测以"套"为计量单位，每套分插复用器（ADM）基本配置包括基本子架、公共单元盘（电源及交叉）、2块高阶光板、配套的2M板及数据板；每套终端复用器（TM）基本配置包括基本子架、公共单元盘（电源及交叉）、1块高阶光板、配套的2M板及数据板。 （3）光纤同步数字（SDH）传输设备按SDH设备平台速率执行相应定额子目，已包括网元级网络管理系统调测、全电路电口调测。 （4）安装调测（SDH）传输设备速率为40Gb/s时，执行速率为10Gb/s相对应的传输设备及接口单元盘子目，定额人工、机械乘以系数1.2。 （5）SDH传输设备的安装调测包含基本子机框和接口单元盘两个部分。基本子机框包含交叉、网管、公务、时钟、电源等除群路、支路、光放盘以外所有内容的机盘。接口单元盘包括群路侧、支路侧接口盘。 （6）SDH传输设备定额子目的基本成套配置按基本子机框和接口单元盘（ADM包括2块高阶光板，配套的2M板及数据板）综合取定，定额还包括了网元级网管调测以及接入网络管理系统调测。 （7）SDH传输设备定额子目基本配置以外的高阶光板，按相应速率及数量另执行接口单元盘的调测
2	光纤数字传输设备接口单元盘（SDH）	清单工作内容含： （1）板卡安装。 （2）性能测试	清单以"块"为计算单位
		定额工作内容、工程量计算规则及其他说明等	（1）接口单元盘（SDH）、扩容接口单元盘（SDH）以"块"为计量单位。接口单元盘（SDH）定额适用于新建SDH传输设备基本配置以外的光板。

序号	名称	审核要点	审核原则
2	光纤数字传输设备接口单元盘（SDH）	定额工作内容、工程量计算规则及其他说明等	（2）扩容接口单元盘（SDH）定额适用于在原有SDH传输设备上扩容光板、2M板、数据接口板，已包括网络管理相关调测。单站扩容接口单元盘第3块及以上，定额乘以系数0.5。 （3）接口单元盘（SDH）2Mb/s适用于业务处理板卡、出线板卡、保护板卡。 （4）接口单元盘（SDH）数据接口板适用于快速以太网（FE）、千兆以太网（GE）、万兆以太网（10GE）等接口。 （5）对于分叉复用器（ADM）是指除2块高阶光板以外增加配置的光板；对于终端复用器（TM）是指除1块高阶光板以外增加配置的光板
3	基本子架及公共单元盘	清单工作内容含： （1）机盘测试、调整。 （2）网管数据检测、修改。 （3）复用调试	"基本子架及公共单元盘"清单项目适用于SDH光端机、密集波分复用设备（DWDM）的基本子架及公共单元盘；含网管数据检测、修改及复用调试
		定额工作内容、工程量计算规则及其他说明等	（1）调测基本子架及公共单元盘（SDH）以"套"为计量单位，适用于在原有光端机上扩容接口单元盘，每次扩容时同1台光端机只计列1次。 （2）在原有光端机上扩容接口单元盘时计列
4	光功率放大器、转换器	清单工作内容含： （1）安装固定。 （2）单机性能测试	"光功率放大器、转换器"清单项目适用于光功率放大器、光转换器、协议转换器等
		定额工作内容、工程量计算规则及其他说明等	（1）光功率放大器包括掺铒、拉曼、遥泵等类型放大器，分为内置、外置，无论功率大小定额均不作调整。前向纠错（FEC）、受激布里渊散射（SBS）等执行外置光功率放大器子目；色散补偿（DCM）执行外置光功率放大器子目，定额乘以系数0.5。 （2）光转换器，光路传输系统中配置有光转换器时计列。 （3）光功率放大器，光端机配置内置光功率放大板时计列。光路传输系统中配置外置光功率放大器时计列。 （4）协议转换器，光路传输系统中配置协议转换器时计列

续表

序号	名称	审核要点	审核原则
5	数字通信通道调测	清单工作内容含： （1）系统调测。 （2）光纤设备配合。 （3）保护倒换功能测试	清单项目以"端"为计量单位，一收一发为一"端"
		定额工作内容、工程量计算规则及其他说明等	（1）数字线路段光端对测以"方向·系统"为计量单位，"一收一发"为1个系统，仅指本端至对端的调测。 （2）光、电调测中间站配合以"站"为计量单位，指中间站仅进行光、电跳线工作。 （3）保护倒换测试以"环·系统"为计量单位，指光传输设备本身的保护倒换测试，1个环内只计1次。 （4）方向：方向用于描述相邻站点之间的关系，指某一个站点和相邻站之间的传输段关系，有几个相邻的站就有几个方向。 （5）系统：站点间形成的具体数量的物理通信链路，"一收一发"的两根光纤为1个"系统"。 （6）数字线路段光端对测新增或扩容光接口单元盘时计列。 （7）光、电调测中间站配合，光路传输经过中间站需进行光、电跳线工作时才计列。按照需进站做跳线配合工作的中间站数量计算。 （8）保护倒换测试，新增光端机且本身有保护倒换时才计列。新增光端机只有1+0光通道接入通信网时不存在保护倒换，至少需有2个光通道接入现有光通信网时才存在此测试工作，且每新增1套光端机接入通信网时只计1次
6	无源光网络设备	清单工作内容含： （1）安装固定、接地。 （2）通电检查。 （3）单机性能调测	适用于光分路器、光网络单元、光线路终端单元等PON设备
		定额工作内容、工程量计算规则及其他说明等	（1）光分路器（POS）以"个"为计量单位，光网络单元（ONU）、光线路终端（OLT）以"台"为计量单位，接入点设备（AP）、中继设备（TG）以"套"为计量单位。

续表

序号	名称	审核要点	审核原则
6	无源光网络设备	定额工作内容、工程量计算规则及其他说明等	（2）无源光网络设备系统联调以"系统"为计量单位，1个环路为1个系统。 （3）分路器（POS）、光网络单元（ONU）、光线路终端（OLT）、接入点设备（AP）、中继设备（TG）安装在铁塔上，定额人工乘以系数（1）5。 （4）接入点设备（AP）包括信息采集装置和无线/有线信号转换装置；中继设备（TG）仅为进行无线信号中继的设备
7	无源光网络系统联调	清单工作内容含：系统联调	清单以"系统"为计量单位
		定额工作内容、工程量计算规则及其他说明等	无源光网络设备系统联调以"系统"为计量单位，以每台OLT的单方向光路计
8	程控电话交换设备	清单工作内容含： （1）安装固定、接地。 （2）通电检查。 （3）本机指标测试	"程控电话交换设备"清单项目适用于电话交换设备、用户集线器（SLC）设备、程控交换机计费系统、维护终端、话务台、告警设备
		定额工作内容、工程量计算规则及其他说明等	（1）电话交换设备，新增程控电话交换机（500线）时计列。 （2）用户集线器（SLC）设备，该子目是对"程控电话交换设备"子目的补充，对于大容量程控交换设备还需再执行该子目。 （3）扩装交换设备板卡，在原有电话交换设备上扩装板卡时计列。 （4）扩装交换设备模块，在原有电话交换设备上扩装交换设备模块时计列。 （5）程控交换机计费系统，新增程控交换机计费系统时计列。 （6）维护终端、话务台、告警设备，新增程控交换机维护终端、话务台、告警设备时计列。 （7）用户线调试，新增或扩容电话交换设备用户线时计列

续表

序号	名称	审核要点	审核原则
9	电力调度程控交换机	清单工作内容含： （1）安装固定、接地。 （2）通电检查。 （3）本机指标测试。 （4）系统联通调试	适用于调度程控交换机，调度台、调度录音装置
		定额工作内容、工程量计算规则及其他说明等	（1）新增电力调度程控交换机时计列。 （2）电力调度台，新增电力调度台时计列。 （3）扩装调度交换设备板卡时计列。 （4）电力调度录音装置，新增电力调度录音装置时计列。 （5）电力调度程控交换机系统联调，新增电力调度程控交换机时计列
10	软交换设备	清单工作内容含： （1）安装固定、接地。 （2）通电检查。 （3）本机指标测试	适用于核心软交换设备、综合网关设备、IAD接入设备、应用服务设备、IP话务台设备、软交换网关设备
		定额工作内容、工程量计算规则及其他说明等	（1）核心设备，新增IMS核心设备时计列。 （2）应用服务器，新增IMS应用服务器时计列。 （3）网关设备，新增网关设备时计列。 （4）IAD接入设备，新增IAD接入设备时计列。 （5）IP话务台设备，新增IP话务台设备时计列。 （6）基础业务应用平台调试，新增IMS核心设备时计列。 （7）增值业务应用平台调试，新增IMS应用服务器时计列
11	网络设备	清单工作内容含： （1）安装固定、接地。 （2）通电检查、单机性能调测。 （3）系统性能测试。 （4）联试安全保护	适用于路由器、交换机、宽带接入设备、服务器、防火墙设备以及其他网络安全设备

续表

序号	名称	审核要点	审核原则
11	网络设备	定额工作内容、工程量计算规则及其他说明等	（1）路由器，新增路由器或在原有路由器上新增路由方向时计列。按照路由器配置数量计算。接入层路由器整机包转发率小于100Mbit/s，通常应用于220kV及以下电压等级变电站。汇聚层路由器100Mbit/s≤整机包转发率＜400Mbit/s，通常应用于地区中心变电站（330kV及以上电压等级变电站）。核心层路由器整机包转发率不小于400Mbit/s，通常应用于各级调度端（地调、省调、网调）。 （2）路由器接口板，在原有路由器上扩容路由器接口板时计列。 （3）网络交换机，新增网络交换机时计列。按照网络交换机配置数量计算。低端网络交换机为二层网络交换机，通常应用于220kV及以下电压等级变电站。中端网络交换机为三层网络交换机，通常应用于地区中心变电站（330kV及以上电压等级变电站）。高端网络交换机为插槽式（模块式）三层网络交换机，通常应用于各级调度端（地调、省调、网调）。 （4）网络交换接口板，在原有网络交换机上扩容接口板时计列。 （5）光纤交换机，新增光纤交换机时计列。 （6）服务器，新增服务器时计列。按照服务器配置数量计算。低端服务器仅支持单或双CPU结构，通常应用于变电站。中端服务器一般支持双CPU及以上的对称处理器结构，通常应用于地调。高端服务器一般采用4个及以上CPU的对称处理器结构，通常应用于省调或网调。 （7）防火墙设备，新增防火墙设备时计列。按照防火墙设备配置数量计算。中、低端防火墙数据包吞吐量小于3Gbit/s，最大并发连接数小于60万，通常应用于变电站硬件加密、物理隔离装置。高端防火墙数据包吞吐量不小于3Gbit/s，最大并发连接数不小于60万，通常应用于各级调度端

续表

序号	名称	审核要点	审核原则
12	管道光缆	清单工作内容含： （1）材料运输、装卸。 （2）保护管敷设。 （3）沟内人工敷设穿子管光缆。 （4）打穿墙洞、安装支承物。 （5）电缆沟揭盖盖板。 （6）人工开挖路面	"管道光缆"清单项目工作内容包括光缆单盘测试、光缆接续、光缆测试、顶管外的其他光缆敷设过程中的全部工作内容
		定额工作内容、工程量计算规则及其他说明等	敷设室内光缆、吊线式音频电缆、固钉式音频电缆、槽板式音频电缆、子管敷设以"100m"为计量单位
13	室内光缆	清单工作内容含： （1）敷设光缆。 （2）保护管敷设。 （3）打穿墙洞、安装支承物	清单单位为"m"
		定额工作内容、工程量计算规则及其他说明等	敷设室内光缆、吊线式音频电缆、固钉式音频电缆、槽板式音频电缆、子管敷设以"100m"为计量单位
14	光缆单盘测试	清单工作内容含： （1）单盘测量。 （2）记录数据	用户光缆一般不需单盘测试，发生时执行"光缆单盘测试"清单项目
		定额工作内容、工程量计算规则及其他说明等	光缆单盘测试以"盘"为计量单位。光缆单盘测试分盘按设计方案确定，如设计未确定，普通光缆、ADSS光缆盘长按3km计算
15	光缆接续	清单工作内容含： （1）纤芯熔接。 （2）冷接子接续。 （3）复测衰减。 （4）安装接头盒	"光缆接续"清单项目的项目特征中"接续方式"需按OPGW光缆接续、中继光缆接续、用户光缆接续等描述
		定额工作内容、工程量计算规则及其他说明等	（1）音频电缆接续、光缆接续、厂（站）内光缆熔接以"头"为计量单位，"头"是指光缆接头的个数。冷接子接续以"芯"为计量单位。 （2）变电站构架光缆接头盒至机房的光缆熔接均执行厂（站）内光缆熔接

续表

序号	名称	审核要点	审核原则
16	光缆测试	清单工作内容含： （1）光纤特性测试。 （2）光纤试通测试。 （3）记录数据	清单以"段"为计算单位
		定额工作内容、工程量计算规则及其他说明等	厂（站）内光缆测试以"段"为计量单位（每段引入光缆适用此条目，不适用单盘测试，多段引入实际到货为一整盘的，可视为1个单盘测试）
17	机架、分配架、敞开式音频配线架	清单工作内容含： （1）安装固定、接地。 （2）端子板安装。 （3）告警信号装置安装。 （4）设备底座安装。 （5）接地连线	分配架适用于光纤分架、数字分架、音频分配架、网络分配架、综合分配架
		定额工作内容、工程量计算规则及其他说明等	（1）机柜以"面"为计量单位，适用于各类通信、信息、服务器等设备屏柜（机架）的安装。 （2）光分配架（ODF）、数字分配架（DDF）、音频配线架（VDF）、网络分配架（IDF）、综合配线架、敞开式音频配线架以"架"为计量单位。 （3）设备底座、光分配子架、数字分配子架、电缆交接配线箱、光缆交接箱、音频分线盒、高频分线盒以"个"为计量单位。 （4）网络分配子架以"条"为计量单位。 （5）保安单元以"组"为计量单位。 （6）分配架整架安装按成套基本配置取定，包括机柜安装，基本配置以外执行子架子目。分配架扩容时执行子架子目，包括子框和端子板的安装。 （7）综合配线架安装包括机柜、光配（ODF）、数配（DDF）、音配（VDF）、网配（IDF）等配线模块的安装，使用中不论容量大小不作调整。不随机柜成套供应的配线模块另行计列，执行子架子目

序号	名称	审核要点	审核原则
18	布放线缆	清单工作内容含： （1）布放线缆。 （2）制作端头。 （3）整理。 （4）试通	清单单位为"m"
		定额工作内容、工程量计算规则及其他说明等	（1）布放射频同轴电缆以"100m"为计量单位，未包括同轴电缆头制作安装。 （2）同轴电缆头制作安装以"个"为计量单位，同轴电缆1芯按2个同轴电缆头计算。布放射频同轴电缆定额适用于单芯同轴电缆，布放多芯同轴电缆定额乘以系数1.3。 （3）布放电话、以太网线以"100m"为计量单位，包括线缆头制作及试通。布放电话、以太网线，定额已综合各种规格型号、电缆芯数，使用时不作调整。 （4）电力电缆以"100m"为计量单位，包括电缆头的制作安装。 （5）电力电缆适用于通信工程的直流电缆；交流电力电缆的敷设及电缆头的制作安装执行电气设备安装工程册相关子目。 （6）电力电缆适用于单芯电力电缆，2芯电力电缆执行单芯电力电缆定额乘以系数1.3
19	配线架布放跳线	清单工作内容含： （1）布放跳线。 （2）绑扎。 （3）卡线	清单单位为"条"
		定额工作内容、工程量计算规则及其他说明等	数字分配架布放跳线以"100条"为计量单位，未包括同轴电缆头制作安装。数字分配架布放跳线采用成品跳线时，不得重复计算同轴电缆头制作安装。 音频配线架布放跳线以"100回线"为计量单位
20	放绑软光纤	清单工作内容含： （1）放线。 （2）绑扎	清单单位为"条"
		定额工作内容、工程量计算规则及其他说明等	（1）放绑软光纤以"条"为计量单位。 （2）放绑软光纤指放绑单芯或双芯成品软光纤，定额已综合考虑光纤长度，使用时不作调整

序号	名称	审核要点	审核原则
21	固定线缆	清单工作内容含： （1）放线。 （2）绑扎。 （3）制作端头	清单单位为"条"。适用于布放固定PCM设备至音频分配架电缆，包括二端头制作
		定额工作内容、工程量计算规则及其他说明等	（1）固定线缆以"条"为计量单位。 （2）固定线缆指PCM、程控交换机至音频配线架间电缆的布放包括电缆两端头制作
22	公共设备	清单工作内容含： （1）公共设备安装。 （2）单机性能测试。 （3）互联、检测调试	清单单位为"台"
		定额工作内容、工程量计算规则及其他说明等	（1）通用计算机、电话机、IP话机（含可视）、特种电话机、语音网关、投影机以"台"为计量单位。 （2）特种电话机是指防尘、防水、防腐蚀、抗噪声的特殊电话机，不包括安装支架及基础的工作内容
23	模块	清单工作内容含： （1）模块安装。 （2）模块调测	清单单位为"只"
		定额工作内容、工程量计算规则及其他说明等	信息模块、防雷模块以"只"为计量单位。手动屏幕、电动屏幕以"块"为计量单位。多电脑切换器（KVM）以"套"为计量单位
24	业务接入、割接	清单工作内容含： （1）业务校核、接入、割接。 （2）用户数据、功能调试	清单单位为"条"
		定额工作内容、工程量计算规则及其他说明等	（1）通信业务调试以"条"为计量单位，是指端（主站端）与端（业务端）之间具体业务通道的开通、调试，不论中间经过多少站点均按1条通信业务计列。

序号	名称	审核要点	审核原则
24	业务接入、割接	定额工作内容、工程量计算规则及其他说明等	（2）通信业务调试在中间站点仅有跳纤、跳线工作时，执行《电力建设工程预算定额（2018年版）第七册　通信工程》中第1章"光、电调测中间站配合"定额子目。 （3）通信业务调试需要在不同的传输网管对接操作时，定额乘以系数1.2。 （4）通信业务调试按通信业务的类型、速率划分，不区分设备的厂家、型号。 （5）在不同系统间实际发生的业务接入才能算为通信业务。 　1）SDH的2M板有63路/84路接口是指接入能力，不是实际的通信业务，实际接入几个2M才计算几条通信业务。 　2）SDH以10G光路接入OTN占用1个波道，对OTN而言视为有1条10G通信业务。 　3）变电站通过PCM接入中心站交换机的，视为通信业务。 　4）如果数据通信网是和SDH/OTN已经搭建完成的，数据通信网再接入IAD等其他应用业务，对SDH/OTN而言不视为通信业务，但对数据通信网而言应视为通信业务（仅对基建类数据通信网建设，技改大修需按其规则）。 （6）用光纤直连的不算为通信业务接入，比如线路保护使用独立纤芯做通道，不视为通信业务。是否视为数字线路段光端对测保护确定，变电确定，通信不持意见。 （7）在一个系统内各种接入不算通信业务。 　1）在同一个SDH系统内的10G/2.5G/622M/155M光口速率接入，适用光端对测套定额，不是通信业务。 　2）OTN中开通波道不计算为通信业务。 　3）在一个大楼内的行政交换机（含IMS）各楼层办公室放号不视为通信业务。 　4）1条2M业务跨不同SDH转接时，只能视为1条通信业务接入，但取系数1.2

2.3.10　调试及试验

序号	名称	审核要点	审核原则
1	变压器系统调试	清单工作内容含：分系统调试	"变压器系统调试"包括变压器系统内各侧间隔设备的系统调试工作，不再单列各侧间隔设备的分系统调试清单项目。 "变压器系统调试"清单项目用于换流站500kV站用变压器分系统调试时，以"组"为单位计量
		定额工作内容、工程量计算规则及其他说明等	（1）电力器分系统调试以"系统"为位计量，按照变压器数量计算，包括变压器各侧间隔设备的调试工作，不得重复执行送配电设备分系统调试定额。三相变压器、单相变压器分别执行相应定额。 （2）其他说明： 1）定额按双绕组电力变压器考虑，若为三绕组电力变压器时，定额乘以系数1.2。 2）电力变压器高压断路器为32接线方式时，定额乘以系数1.1。 3）电力变压器带负荷调整装置时，定额乘以系数1.2。 4）电力变压器装有灭火保护装置时，定额乘以系数1.05。 （3）新建、扩建变压器时计列
2	交流供电系统调试	清单工作内容含：送配电设备分系统调试	（1）交流供电间隔类型指进出线、母联、母分、备用等。 （2）"交流供电系统调试"清单项目用于400V供电系统时，只适用于直接从母线段输出的带保护的送配电系统
		定额工作内容、工程量计算规则及其他说明等	（1）送配电设备分系统调试以"系统"为计量单位，按照断路器数量计算，包括断路器、隔离开关、电流互感器、电压互感器等一次设备和二次系统及保护调试。 （2）站用低压配电装置柜进线如保护装置执行400V配继电保护子目。400V以下供电系统，只适用于直接从母线段输出的带保护的送配电系统。 （3）带有电抗器或并联电容器补偿的送配电设备系统，定额乘以系数1.2。 （4）分段间隔系统调试，定额乘以系数0.5。 （5）母联和旁路系统试，执行相同电压等级的送配电设备系统调试定额。 （6）新建、扩建配电装置时计列

序号	名称	审核要点	审核原则
3	母线系统调试	清单工作内容含：分系统调试	"母线系统调试"清单项目只适用于装有电压互感器的母线段
		定额工作内容、工程量计算规则及其他说明等	（1）母线分系统调试以"段"为计量单位，配有电压互感器的母线计为一段。 （2）新建、扩建母线电压互感器时计列
4	故障录波系统调试	清单工作内容含：分系统调试	"故障录波系统调试"清单项目适用于变电站公用的故障录波系统调试工作，变压器、送配电设备保护等系统的故障记录仪调试工作包括在各相应系统调试清单项目工作内容中
		定额工作内容、工程量计算规则及其他说明等	（1）调试以"站"为计量单位，定额已按电压等级综合考虑了系统主机及故障录波装置的配置情况，使用时不做调整。 （2）新建变电站工程，扩建主变压器、间隔工程计列
5	同步相量系统（PMU）调试	清单工作内容含：分系统调试	按站计算
		定额工作内容、工程量计算规则及其他说明等	配置同步相量测量系统时计列
6	变电站时间同步分系统调试	清单工作内容含：分系统调试	按站计算
		定额工作内容、工程量计算规则及其他说明等	新建变电站工程计列

序号	名称	审核要点	审核原则
7	同期系统调试	清单工作内容含：分系统调试	按站计算
		定额工作内容、工程量计算规则及其他说明等	（1）配置独立同期装置计列。 （2）未配置独立同期装置，但变电站能够且需要实现同期功能时计列
8	直流电源系统调试	清单工作内容含: （1）直流电源分系统调试。 （2）直流供电500V以下送配电设备分系统调试	按站计算
		定额工作内容、工程量计算规则及其他说明等	（1）新建变电站工程未采用交直流一体化电源方案的直流电源系统计列。 （2）扩建主变压器、间隔工程计列
9	事故照明及不间断电源系统调试	清单工作内容含: （1）事故照明分系统调试。 （2）不间断电源分系统调试。 （3）站用电切换及备用电源自动投入装置分系统调试。	按站计算

序号	名称	审核要点	审核原则
9	事故照明及不间断电源系统调试	（4）交流供电400V配继电保护送配电设备分系统调试。（5）直流供电500V以下送配电设备分系统调试	按站计算
		定额工作内容、工程量计算规则及其他说明等	（1）不停电电源分系统调试，新建变电站工程未采用交直流一体化电源方案的不停电电源系统计列。（2）事故照明分系统调试，新建变电站工程未采用交直流一体化电源方案的事故照明系统计列
10	中央信号系统调试	清单工作内容含：（1）中央信号分系统调试。（2）安全稳定分系统调试	按站计算，项目特征描述分系统调试项目
		定额工作内容、工程量计算规则及其他说明等	（1）现阶段变电站中央信号系统已被微机监控系统取代，若实际工程仍采用中央信号系统，执行变电站微机监控分系统调试定额。（2）配置安全稳定控制系统时计列
11	微机监控、五防系统调试	清单工作内容含：（1）微机监控分系统调试。（2）五防分系统调试。（3）无功补偿分系统调试。（4）时间同步分系统调试	"微机监控、五防系统调试"清单项目工作内容中的无功补偿分系统是指独立配置的系统，非独立配置的无功补偿分系统调试工作包括在变压器、送配电设备保护等系统调试清单项目工作内容中

序号	名称	审核要点	审核原则
11	微机监控、五防系统调试	定额工作内容、工程量计算规则及其他说明等	（1）变电站微机监控分系统调试新建变电站工程，扩建主变压器、间隔工程，单独改造线路保护工程计列。 （2）五防分系统调试新建变电站工程，扩建主变压器、间隔工程计列。 （3）时间同步分系统调试新建变电站工程计列
12	保护故障信息系统调试	清单工作内容含： （1）子（分）站分系统调试。 （2）主站接入变电站的分系统调试	按站计算
12	保护故障信息系统调试	定额工作内容、工程量计算规则及其他说明等	（1）保护故障信息主站分系统调试，以"站"为计量单位，指调度端数据主站。新建保护故障信息子（分）站接入调度端保护故障信息主站时计列，按接入子（分）站数量计算工程量。 （2）变电站保护故障信息子（分）站分系统调试，配置独立保护故障信息子站时计列。未配置独立保护故障信息子站装置，但变电站能够且需要实现保护及故障信息功能时计列。 （3）若扩建主变压器、间隔工程涉及保护故障信息子（分）站扩容时计列
13	电网调度自动化系统调试	清单工作内容含：电网调度自动化系统数据主站接入变电站的分系统调试	（1）调度端（站）指县调、地调、省调等，各数据主站指"调度自动化系统""继电保护和故障录波信息管理系统""配电自动化系统""电能量计量系统""大客户负荷管理系统""信息安全测评系统（等级保护测评）""调度数据网"等。 （2）对于"R22电网调度自动化系统调试""R24二次系统安全防护系统接入变电站调试""R26信息安全测评系统（等级保护测评）接入变电站调试"清单项目，在编制工程量清单时要按不同的调度端站名称以特征顺序码加以区别
13	电网调度自动化系统调试	定额工作内容、工程量计算规则及其他说明等	（1）电网调度自动化分系统调以"站"为计量单位，指省、地、县调度数据主站。新变电站接入时，按照变电站电压等级执行相应定额。 （2）新建变电站工程，扩建主变压器、间隔工程，单独改造线路保护工程计列

序号	名称	审核要点	审核原则
14	二次系统安全防护系统调试	清单工作内容含：变电站二次系统安全防护分系统调试	对于"R22电网调度自动化系统调试""R24二次系统安全防护系统接入变电站调试""R26信息安全测评系统（等级保护测评）接入变电站调试"清单项目，在编制工程量清单时要按不同的调度端站名称以特征顺序码加以区别
		定额工作内容、工程量计算规则及其他说明等	（1）二次系统安全防护分系统调试主站（省、地、县调）接入35kV等级站、接入110kV等级站、接入220kV等级及以上站，新建变电站工程计列。 （2）变电站远动分系统调试新建变电站工程计列。 （3）自动电压无功控制（AVQC）分系统调试，配置自动电压无功控制系统时计列。 （4）备用电源自动投入分系统调试配置备用电源自动投入系统时计列，以"系统"为计量单位，按照备用电源自动投入装置数量计算
15	二次系统安全防护系统接入变电站调试	清单工作内容含：电网调度自动化系统数据主站安全防护分系统接入变电站的调试	对于"R22电网调度自动化系统调试""R24二次系统安全防护系统接入变电站调试""R26信息安全测评系统（等级保护测评）接入变电站调试"清单项目，在编制工程量清单时要按不同的调度端站名称以特征顺序码加以区别
		定额工作内容、工程量计算规则及其他说明等	（1）主站（省、地、县调）继电保护和故障录波信息管理系统、配电自动化系统、电能量计量系统、大客户负荷管理系统，调度端新增各类系统时计列，变电工程不计列。 （2）变电站，新建变电站工程，扩建主变压器、间隔工程，单独改造线路保护工程计列。
16	信息安全测评系统（等级保护测评）调试	清单工作内容含：变电站信息安全测评分系统（等级保护测评）调试	对于"R22电网调度自动化系统调试""R24二次系统安全防护系统接入变电站调试""R26信息安全测评系统（等级保护测评）接入变电站调试"清单项目，在编制工程量清单时要按不同的调度端站名称以特征顺序码加以区别
		定额工作内容、工程量计算规则及其他说明等	（1）主站（省、地、县调）调度自动化系统、调度数据网调度端，新建调度自动化系统和调度数据网时计列。变电工程不计列。 （2）变电站自动化系统信息安全评测系统，新建变电站工程，扩建主变压器工程计列

序号	名称	审核要点	审核原则
17	信息安全测评系统（等级保护测评）接入变电站调试	清单工作内容含：电网调度自动化系统数据主站信息安全测评分系统（等级保护测评）接入变电站的调试	对于"R22电网调度自动化系统调试""R24二次系统安全防护系统接入变电站调试""R26信息安全测评系统（等级保护测评）接入变电站调试"清单项目，在编制工程量清单时要按不同的调度端站名称以特征顺序码加以区别
		定额工作内容、工程量计算规则及其他说明等	主站（省、地、县调）接入35kV等级站、接入110kV等级站、接入220kV等级及以上站、接入500kV等级及以上站，新建变电站工程计列
18	网络报文监视系统调试	清单工作内容含：分系统调试	按站计算
		定额工作内容、工程量计算规则及其他说明等	新建变电站工程当配有网络报文监视系统时计列
19	智能辅助系统调试	清单工作内容含：分系统调试	按站计算
		定额工作内容、工程量计算规则及其他说明等	智能辅助系统调试新建变电站工程计列
20	状态检测系统调试	清单工作内容含：分系统调试	按站计算
		定额工作内容、工程量计算规则及其他说明等	新建变电站工程配置状态监测系统时计列

续表

序号	名称	审核要点	审核原则
21	交直流电源一体化系统调试	清单工作内容含: 分系统调试	"交直流电源一体化系统调试"清单项目适用于交直流电源一体化配置的情况,该清单项目与其余直流电源系统调试清单项目不同时使用
		定额工作内容、工程量计算规则及其他说明等	(1)仅新建变电站工程配置交直流一体化电源设备的变电站计列,同时不再执行其他电源系统调试项目。 (2)变电站交流电源分系统调试,新建变电站工程未采用交直流一体化电源方案的交流电源系统计列,扩建主变压器、间隔工程计列
22	信息一体化平台调试	清单工作内容含: 分系统调试	按站计算
		定额工作内容、工程量计算规则及其他说明等	新建变电站工程计列

2.3.11 整套系统调试

序号	名称	审核要点	审核原则
1	试运行	清单工作内容含: 变电站试运行	按站计算
		定额工作内容、工程量计算规则及其他说明等	(1)新建变电站工程,扩建主变压器、间隔工程,单独改造线路保护工程计列。 (2)变电站(升压站)试运、变电站监控系统调试: 1)定额按一期工程配置一台变压器考虑(不分双绕组或三绕组)。凡增加变压器时,增加的变压器每台定额乘以系数0.2。 2)带线路高压电抗器时,定额乘以系数1.1。 3)串联补偿站按同电压等级变电站乘以系数0.7。 (3)扩建主变压器时:变电站(升压站)试运、变电站监控系统调试、电网调度自动化系统、二次系统安全防护系统调试乘以系数0.5。该系数按照扩建主变压器数量进行调整,每项定额调整系数不超过1。

序号	名称	审核要点	审核原则
1	试运行	定额工作内容、工程量计算规则及其他说明等	（4）扩建间隔时：变电站（升压站）试运、变电站监控系统调试、电网调度自动化系统、二次系统安全防护系统调试乘以系数0.3。该系数按照扩建间隔数量进行调整，每项定额调整系数不超过1。 （5）单独改造线路保护时：变电站（升压站）试运、变电站监控系统调试、电网调度自动化系统、二次系统安全防护系统调试乘以系数0.05。该系数照线路保护装置数量进行调整，每项定额调整系数不超过1
2	监控调试	清单工作内容含：监控系统启动调试	按站计算
		定额工作内容、工程量计算规则及其他说明等	（1）新建变电站工程，扩建主变压器、间隔工程，单独改造线路保护工程计列。 （2）变电站（升压站）试运、变电站监控系统调试： 1）定额按一期工程配置一台变压器考虑（不分双绕组或三绕组）。凡增加变压器时，增加的变压器每台定额乘以系数0.2。 2）带线路高压电抗器时，定额乘以系数1.1。 3）串联补偿站按同电压等级变电站乘以系数0.7。 （3）扩建主变压器时：变电站（升压站）试运、变电站监控系统调试、电网调度自动化系统、二次系统安全防护系统调试乘以系数0.5。该系数按照扩建主变压器数量进行调整，每项定额调整系数不超过1。 （4）扩建间隔时：变电站（升压站）试运、变电站监控系统调试、电网调度自动化系统、二次系统安全防护系统调试乘以系数0.3。该系数按照扩建间隔数量进行调整，每项定额调整系数不超过1。 （5）单独改造线路保护时：变电站（升压站）试运、变电站监控系统调试、电网调度自动化系统、二次系统安全防护系统调试乘以系数0.05。该系数照线路保护装置数量进行调整，每项定额调整系数不超过1

序号	名称	审核要点	审核原则
3	电网调度自动化系统调试	清单工作内容含：电网调度自动化系统数据主站接入变电站的启动调试	（1）调度端（站）指县调、地调、省调等，各数据主站指"调度自动化系统""继电保护和故障录波信息管理系统""配电自动化系统""电能量计量系统""大客户负荷管理系统""信息安全测评系统（等级保护测评）""调度数据网"等。 （2）对于"U13电网调度自动化系统调试"清单项目，在编制工程量清单时要按不同的调度端站名称以特征顺序码加以区别
		定额工作内容、工程量计算规则及其他说明等	（1）新建变电站工程，扩建主变压器、间隔工程，单独改造线路保护工程计列。 （2）电网调度自动化系统调试以"站"为计量单位，指调度端数据主站。当变电站接入调度端时，按照变电站电压等级执行相应定额。 （3）扩建主变压器时：电网调度自动化系统乘以系数0.5。该系数按照扩建主变压器数量进行调整，每项定额调整系数不超过1。 （4）扩建间隔时：电网调度自动化系统调试乘以系数0.3。该系数按照扩建间隔数量进行调整，每项定额调整系数不超过1。 （5）单独改造线路保护时：电网调度自动化系统调试乘以系数0.05。该系数照线路保护装置数量进行调整，每项定额调整系数不超过1
4	二次系统安全防护调试	清单工作内容含：调度（主站端）、变电站（子站）二次系统安全防护的启动调试	按站计算
		定额工作内容、工程量计算规则及其他说明等	（1）调度（主站端），调度端新增继电保护和故障录波信息管理系统、配电自动化系统、电能量计量系统、大客户负荷管理系统时计列。变电工程不计列。 （2）变电站（子站），新建变电站工程，扩建主变压器、间隔工程，单独改造线路保护工程计列。 （3）扩建主变压器时：二次系统安全防护系统调试乘以系数0.5。该系数按照扩建主变压器数量进行调整，每项定额调整系数不超过1。

序号	名称	审核要点	审核原则
4	二次系统安全防护调试	定额工作内容、工程量计算规则及其他说明等	（4）扩建间隔时：二次系统安全防护系统调试乘以系数0.3。该系数按照扩建间隔数量进行调整，每项定额调整系数不超过1。 （5）单独改造线路保护时二次系统安全防护系统调试乘以系数0.05。该系数照线路保护装置数量进行调整，每项定额调整系数不超过1
5	试运专项测量	清单工作内容含：专项测量	（1）"试运专项测量"清单项目适用于500、750、1000V变电站（升压站）的试运专项测量。 （2）用于500kV站时，包括以下几种情况的专项测量：隔离开关拉、合空载变压器，投、切空载变压器，投、切无功设备，投、切线路，谐波测试等。 （3）用于750、1000kV站时，包括以下几种情况的专项测量：投、切空载变压器，投、切特高压电抗设备，投、切无功设备，投、切线路，谐波测试等
		定额工作内容、工程量计算规则及其他说明等	（1）线路工频电场和工频磁场、地线感应电压测试、线路无线电干扰测试以"100km"为计量单位，按照路径长度计算。 （2）系统动态扰动试验、大负荷试验以"系统"为计量单位，指与该项试验相关的变电站、输电线路组成的运行系统。1000kV变电站若开展该项试验，按1个系统计列。 （3）750kV变电站（升压站）试运专项测量按照500V变电站（升压站）试运专项测量定额乘以系数1.2。 （4）紫外测试：扩建主变压器工程乘以系数0.5，扩建间隔工程乘以系数0.3。 （5）红外测试需在工程建设完试运期间全程测试，持续时长均为168h，测试工作量不受工程建设规模影响，新建站、扩建站工程数量均按1计算，不考虑调整系数

2.3.12　特殊试验

序号	名称	审核要点	审核原则
1	变压器感应耐压试验带局部放电试验	绕组连同套管长时间感应耐压试验带局部放电试验	（1）变压器试验根据图示数量，以"台"为单位计量。500kV以下的变压器是按三相/台考虑，500kV及以上的变压器是按单相台考虑。 （2）变压器长时间感应耐压试验带局部放电试验，110kV及以上电压等级变压器计列，35kV变压器不计列。 （3）变压器绕组连同套管的长时感应耐压试验带局部放电测量： 1）单做感应耐压试验定额乘以系数0.5，单做局部放电试验定额乘以系数0.8。 2）第一台按定额乘以系数1，第二台按定额乘以系数0.8，第三台及以上按定额乘以系数0.6。 3）高压电抗器按同电压等级变压器定额乘以0.8
2	变压器感应耐压试验	绕组连同套管长时间感应耐压试验	变压器绕组连同套管的交流耐压试验： （1）单独进行中性点耐压试验时，定额乘以系数0.1。 （2）第一台按定额乘以系数1，第二台按定额乘以系数0.8，第三台及以上按定额乘以系数06
3	变压器交流耐压试验	绕组连同套管交流耐压试验	（1）110kV及以上电压等级变压器计列。 （2）35kV及以下电压等级变压器交流耐压试验已包含在安装定额内
4	变压器绕组变形试验	绕组变形试验	35kV及以上电压等级变压器计列
5	断路器耐压试验	耐压试验	（1）110kV及以上电压等级断路器计列。 （2）35kV及以下电压等级断路器交流耐压试验已包含在安装定额内
6	穿墙套管耐压试验	耐压试验	（1）110kV及以上电压等级穿墙套管计列。 （2）35kV及以下电压等级穿墙套管交流耐压试验已包含在安装定额内
7	金属氧化物避雷器持续运行电压下持续电流测量	持续运行电压下持续电流测量	110kV及以上电压等级金属氧化物避雷器计列

续表

序号	名称	审核要点	审核原则
8	支柱绝缘子探伤试验	探伤试验	110kV及以上电压等级支柱绝缘子计列
9	耦合电容器局部放电试验	局部放电试验	35kV及以上电压等级耦合电容器计列
10	互感器局部放电试验	局部放电试验	35kV及以上电压等级互感器计列
11	互感器耐压试验	耐压试验	（1）110kV及以上电压等级互感器计列。 （2）35kV及以下电压等级互感器交流耐压试验已包含在安装定额内
12	GIS（HGIS）交流耐压试验	交流耐压试验	（1）交流耐压试验,110kV及以上电压等级计列,包括带断路器间隔和母线设备间隔。不再重复执行断路器、互感器交流耐压试验定额。35kV GIS（HGIS、PASS）交流耐压试验已包含在安装定额内。 （2）同频同相交流耐压试验,新建工程不计列,扩建间隔工程若采用同频同相交流耐压技术时计列
13	GIS（HGIS）局部放电带电检测	局部放电带电检测	110kV及以上电压等级计列,包括带断路器间隔和母线设备间隔。不再重复执行断路器、互感器局部放电试验定额
14	接地网阻抗测试	阻抗测试	新建变电站工程计列
15	独立避雷针接地阻抗测试	阻抗测试	配置独立避雷针时计列
16	接地引下线及接地网导通测试	导通测试	新建变电站工程,扩建主变压器、间隔工程计列
17	电容器在额定电压下冲击合闸试验	额定电压下冲击合闸试验	110kV及以下电压等级电容器计列
18	绝缘油试验	（1）取样。 （2）试验	（1）油浸式变压器计列,油浸式电抗器按同容量变压器计列。 （2）油浸式互感器计列,油浸式断路器参照计列

序号	名称	审核要点	审核原则
19	SF₆气体试验	（1）取样。 （2）试验	（1）GIS（HGIS、PASS）SF₆气体综合试验,GIS（HGIS、PASS）设备计列。 （2）断路器 SF₆气体综合试验,敞开式断路器计列,敞开式互感器参照计列。 （3）SF₆气体全分析试验,新建、扩建含 SF₆气体设备时计列
20	表计校验	校验	（1）关口电能表误差校验、数字化关口电能表误差校验,关口电能表计列。 （2）SF₆密度继电器、气体继电器计列。 （3）"表计校验"适用于电能表、SF₆密度继电器、气体继电器等
21	互感器误差测试	误差测试	（1）35kV 及以上电压等级互感器计列。 （2）10kV 关口计量互感器计列
22	电压互感器二次回路压降测试	压降测试	（1）计量用（母线）电压互感器计列。 （2）线路电压互感器不计列。 （3）电压互感器与电能表集成安装在开关柜时不计列
23	计量二次回路阻抗（负载）测试	阻抗（负载）测试	（1）计量用电流互感器、电压互感器计列。 （2）线路电压互感器不计列。 （3）互感器与电能表集成安装在开关柜时不计列

2.4 架空输电线路工程

序号	名称	审核要点	审核原则
1	总体要求	整体造价水平及分析	
		地形	严格按照线路路径图和定额关于地形定义说明审查
		线路特征	依据设计说明书、杆塔明细表等,核定单回路或多回路、几回挂线、改造、更换导地线及调整间隔

续表

序号	名称	审核要点	审核原则
1	总体要求	导地线型号	依据设计说明书、杆塔明细表等，核定不同回路、不同特征段导地线型号
		工地运输	根据路径图审查人力运距计算是否合理；审查汽车运距是否合理。材料站一般设置在尽量临近线路中间位置。同时结合概算运距
2	基础土石方	线路复测分坑	区分高低腿，分别套用定额并乘以相应系数，项目特征区分高低腿描述
		地质判定	严格按照地质勘察报告和定额地质定义说明审查
		余土外运	一般不予考虑。但城区或其他不宜堆放弃土或环保水保要求的地方，均应按设计方案，据实考虑余土外运费用，设计明确余土外运工程量并落实余土堆放场地。项目特征可描述投标人根据工程实际情况综合考虑
		基坑开挖	综合考虑开挖方式，按照土质、坑深分列清单
3	基础钢材	一般钢筋、钢筋笼、插入角钢等价格计取	乙供材料应以不含税预算价参与取费，工程所在地造价管理部门发布最新信息价与预算价差额作价差处理
		地脚螺栓、地栓箍筋、定位板等	定位板、地栓箍筋为乙供材料，地脚螺栓为甲供材料；定位板、地脚螺栓分别列清单；地栓箍筋放在一般钢筋中；地脚螺栓、定位板、地栓箍筋分别计算工程量，并套用相应定额及主材
4	混凝土工程	垫层	区分核实垫层尺寸及不同材料类型，分列清单
		机械推钻孔径大于2.2m	按照地质及桩径尺寸，采用插入法计算定额人材机单价
		桩基检测费用的确定	按照概算计列单价
		砂、石运输	砂、石等一般采用地方信息价，只计算人力运输，不计汽车运输
		挖孔基础	若采用基础护壁时，基础的混凝土不计算充盈量

续表

序号	名称	审核要点	审核原则
4	混凝土工程	声测管材料费	采用声波检测法的基础，单独计列声测管材料费
		声测管检测	依据概算其他费用，概算有，计列；概算无，不计列
		基础封堵	按基计算
		现浇基础	基础类型参考定额子目描述；混凝土拌和要求不具体描述"现浇"或"商品混凝土"，描述综合考虑
5	基础防护	防腐	按照图纸设计的防腐要求，选用清单并描述项目特征、组价
6	杆塔组立	杆塔组立	角钢塔按照塔高及每米塔重范围计列清单并组价；注意采用的铁塔高度为铁塔全高；钢管杆按照每基塔重单位计列清单并组价
7	杆塔附件	标识牌	（1）杆塔标志牌需拆装时，定额人工、机械乘1.3系数。如开口线路已有杆塔标志牌拆装。 （2）依据《电网工程建设预算编制与计算规定（2018年版）》规定，新建杆塔的标志牌、警示牌材料费包含在"工器具及办公家具购置费"中。编制预算时新建杆塔的标志牌、警示牌材料费不单独计列，原有杆塔更换的标志牌、警示牌材料费按未计价材料计列费用
		永久质量责任牌计列	材料乙供，1000元/块，按照不取费材料计列，线路首基杆塔计列
8	接地土石方	接地土质类别	一般为普通土，如遇特殊情况，应与设计单位沟通核实
9	接地安装	杆塔形式多样，如何计列	不需要区分杆塔形式，按照接地材料分列清单即可
		采用特殊接地形式	需核实设计说明书及设计图纸；核实接地模块或石墨等特殊降阻材料的用量
10	导地线架设	张力架线	采用张力架线，线材不计人力运输
		引绳展放	人工引绳展放＝线路长度×回路数；飞行器引绳展放＝线路长度×回路数。采用飞行器展放时，可考虑飞行器租赁费

序号	名称	审核要点	审核原则
10	导地线架设	线路长度	导线按照线路亘长km／三相计算。避雷线、OPGW按单根线路亘长km计算
		铝包钢绞线架设	执行"良导体避雷线"定额及清单
11	跨越架设	交叉跨越	跨越电力线需要核实被跨越电力线回路数及带电状态；跨越公路（含高速公路）需核实车道数，套用超宽系数；应区分在建线路回路数的不同，分列清单
		跨越电气化铁路费用如何确定	本体计取跨越架费用，其他费用中计取协调费
		跨越高速铁路	建议参考铁路定额及以往结算工程费用计列在措施二中
12	附件安装工程	耐张串、悬垂串、跳线串等	按照具体金具串选用清单，并描述单双串、绝缘子型号、有无分裂等；核实数量
		线夹等	预算时套用相应定额，但不单独列清单，包含在相应的金具串清单下；核实数量
		OPGW防震锤	选用其他金具清单，单列清单并组价；核实数量
		光缆金具	不单列清单，包含在OPGW架设清单组价中；核实数量
13	辅助工程	护坡、挡土墙、降基面等	一般在丘陵、山地、高山及峻岭地形才考虑。根据图纸设计，选用相应清单并描述。涉及土方开挖，应分别计列放坡量和清单工程量
		防鸟刺	防鸟板、防鸟罩、机械式驱鸟器安装执行"防鸟刺安装"定额，电子式驱鸟器安装执行"驱鸟器安装"定额
		耐张线夹X射线探伤	按照设计数量，以"基"为单位
		"三跨"相关装置费用	分布式故障诊断装置、图像在线监测装置、视频在线监测装置等，套用相应检测装置安装调测定额

续表

序号	名称	审核要点	审核原则
14	调试	输电线路试运行	清单工程量为回路数，项目特征描述电压等级、线路长度等信息。 35kV线路不计线路试运行。 剖接工程，剖开后一般按2条线路考虑
15	措施项目	施工道路	选用施工道路清单，描述项目特征，如需购土项目特征需描述
		路床整形	平均厚度30cm以内的人工挖高填低、平整找平。 平均厚度30cm以上时，另行套用土石方工程定额
		施工降水	根据工程所在地实际情况，考虑降水方式及工程量，描述相应项目特征
16	拆除项目	拆旧物资运输装卸费	余物清理费包括拆除、清理，以及5km以内的运输和装卸费。超过5km时，应与设计单位、建管单位落实拆旧物资运输距离，考虑汽车运输费用。 拆除电杆、非标件、铁塔、导地线等可计人力运输
		拆除段跨越	拆除段涉及一般跨越、带电跨越、跨越高速公路、铁路、河流等，相关费用予以考虑，费用标准可参考新建工程
17	辅助设施工程	防坠落装置	如工程需加装防坠落装置，一般塔全高超过80m时进行加装，按双侧加装考虑，按单回路塔每基按防坠落装置120m考虑
		航空障碍灯	一般机场附近要求安装，计列时，需与设计确认
18	设备材料价格	设备材料价格审查	甲供材料及设备执行当期国家电网有限公司发布的信息价；水泥、砂石、混凝土、钢筋等地材执行工程所在地当期信息价

2.5　电缆线路工程

序号	名称	审核要点	审核原则
1	总体要求	整体造价水平及分析	
2	土石方挖填	土石方开挖及回填	根据地勘报告，根据土质分列清单并组价；清单工程量为净量，定额量含放坡及工作面。 排管操作裕度0.5m，工井0.8m
3	开挖路面	开挖路面	核实路面类型、路面厚度及路面结构形式
4	修复路面	修复路面	核实路面类型、路面厚度及路面结构形式
5	隧道挖填	土方开挖及回填	根据地勘报告，根据土质分列清单并组价；清单工程量为净量
6	钢筋、预制构件工程	电缆沟、工作井等钢筋计列	一般钢筋、铁件制作需单列清单并组价
7	直埋电缆垫层及盖板	电缆沟敷设时电缆垫层及盖板如何计列	垫层放在电缆沟清单下组价，盖板单列清单
8	电缆沟、浅槽	沟体垫层如何计列	清单下组价，但清单工程量中不包含垫层工程量
		电缆标志桩	随电缆敷设组价，不单列清单
		支撑搭拆数量	按路径单侧长度，扣除工井部分
9	工作井	人孔井、直线井、三通井等，工程量是否可以合并	合并计算，不区分
10	电缆排管	排管浇制混凝土工程量	排管浇制混凝土工程量=排管体积-内衬管体积（排管经常不含工井部分）
11	电缆埋管	排管浇筑的内衬管如何计列	排管浇制定额不包括内衬管安装及材料，发生时，套用相应定额并计列材料。放在排管浇筑清单下组价，项目特征加以描述

续表

序号	名称	审核要点	审核原则
12	顶管	顶管计价	按照设计长度，套用相应定额，管材为未计价材料，不能采用一笔性费用单价计列
13	拉管	拉管计价	按照设计长度（含弧度），套用相应定额（拉管定额已综合考虑物探、工作坑），管材为未计价材料，不能采用一笔性费用单价计列
14	揭盖电缆沟盖板	工作内容	揭和盖算一次。如果单揭或单盖，定额乘以0.6系数
15	隧道	隧道本体如何计列清单	参照变电建筑套用相应定额
16	电缆敷设	工程量确定	按照设计电缆材料长度计列（包括波形敷设、接头、两端裕度及损耗等），定额按m/三相计列，清单按m计列
17	接地安装	接地电缆、同轴电缆	接地箱安装不包括不单独列清单，放在接地箱清单下组价
18	防火	防火清单工程量及单位的确定	根据具体防火要求，选用相应单位。如遇结算时已有争议或不好确定的，可修正单位，如"支"可换算为"L"
19	电缆试验	电缆交流耐压试验	按回路数计算。 110kV电缆主绝缘耐压试验套用220kV电缆主绝缘耐压试验定额乘0.7系数，在同一地点做两回路及以上实验时，从第二回路按60%计算
		电缆局部放电试验	按接头个数计算。 概算如计列，预算计列，限价计列；概算如未计列，预算计列，但需写初设重大偏差表
20	设备与设备性材料	电缆、终端、避雷器等	避雷器属于设备；35kV及以上电缆、电缆头属于设备性材料，计入设备购置费
21	设备材料价格	设备材料价格审查	甲供材料及设备执行当期国家电网有限公司发布的信息价；水泥、砂石、混凝土、钢筋等地材执行工程所在地当期信息价

2.6 其他费用

序号	名称	审核要点	审核原则
1	建设场地征用及清理费		
1.1	土地征用费	数量及费用	核实塔基占地面积、临时占地面积等合理性；单价按照工程所在地发布的赔偿标准文件或参考批复概算单价
1.2	青苗赔偿费用	数量及费用	核实线路青苗覆盖的合理性；单价按照工程所在地发布的赔偿标准文件或参考批复概算单价
1.3	植被恢复费用	数量及费用	泥沼、河网地形不计列此费用，其余地形计列。按照国家及政府发布文件标准计列或参考批复概算单价
1.4	施工场地租用费	数量及费用	按设计规定计算，设计未明确时的导线牵张场，一般500kV按6km一处设置；220kV按5km一处设置；110kV及以下按4km一处设置。OPGW牵张场一般按4km一处设置。单价参考批复概算单价
1.5	房屋拆迁费用	数量及费用	按照国家及政府发布文件标准计列或参考批复概算单价
1.6	线路迁改费用	数量及费用	根据设计方案，按照对应电压等级编制预算费用附件
1.7	迁坟费用	数量及费用	按照国家及政府发布文件标准计列或参考批复概算单价
1.8	跨越补偿费	数量及费用	根据实际跨越数量及被跨越物产权部门费用标准计列或参考概算单价
1.9	输电线路走廊清理费	数量及费用	如城市道路挖掘和破路费、绿化补偿费等，按照市政补偿文件等计列或参考批复概算
1.10	水土保持补偿费	数量及费用	按照行政主管部门有关规定计列
2	项目建设管理费		
2.1	项目法人管理费	费用确定	按照批复概算费率计列

序号	名称	审核要点	审核原则
2.2	招标费	费用确定	按照批复概算费率计列
2.3	工程监理费	费用确定	如已招标，按照合同价格计列；未招标，按照批复概算费率计列
2.4	设备监造费	费用确定	按照批复概算费率计列
2.5	工程结算审核费	费用确定	按照批复概算费率计列
2.6	工程保险费	费用确定	按照批复概算费率计列
3	项目建设技术服务费		
3.1	项目前期工作费	费用确定	按照批复概算费率计列
3.2	知识产权转让与研究试验费	费用确定	按照批复概算费率计列
3.3	勘察设计费		
3.3.1	勘察费	费用确定	按照合同价格计列
3.3.2	设计费	费用确定	按照合同价格计列
3.4	设计文件评审费		
3.4.1	可行性研究设计文件评审费	费用确定	按照批复概算费率计列
3.4.2	初步设计文件评审费	费用确定	如已招标，按照合同价格计列；未招标，按照批复概算费率计列
3.4.3	施工图文件费	费用确定	按照批复概算费率计列
3.5	项目后评价费	费用确定	按照批复概算费率计列
3.6	工程建设检测费		
3.6.1	电力工程质量检测费	费用确定	按照批复概算费率计列
3.6.2	特种设备安全检测费	费用确定	按照批复概算费率计列
3.6.3	环境检测验收费	费用确定	按照批复概算费率计列

序号	名称	审核要点	审核原则
3.6.4	水土保持项目验收及补偿费	费用确定	按照批复概算费率计列
3.6.5	桩基检测费	费用确定	按照批复概算单价，施工图数量计列
3.7	电力工程技术经济标准编制管理费	费用确定	按照批复概算费率计列
4	生产准备费		
4.1	管理车辆购置费	费用确定	按照批复概算费率计列
4.2	工器具及办公家具购置费	费用确定	按照批复概算费率计列
4.3	生产职工培训及提前进厂费	费用确定	按照批复概算费率计列
5	大件运输措施费	费用确定	按照批复概算费率计列
6	专业爆破服务费	费用确定	按照合同或批复概算金额计列

3

相关定额解释

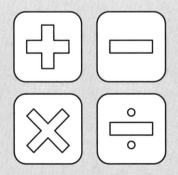

3.1 变电建筑工程

3.1.1 土石方工程

3.1.1.1 定额说明

（1）土石方定额中不包括施工降水、排水费用，发生时可按照《电力建设工程预算定额（2018年版） 第一册 建筑工程》中第15章降排水子目执行，无法参考时，按照有关规定另行计算。

（2）人工开挖土方定额按照干土编制。人工挖、运湿土时，相应项目人工工日数量乘以系数1.18。干土与湿土工程量应分别计算，采用降水措施后，人工挖、运土相应项目人工工日数量乘以系数1.09。

（3）人工开挖一般土、沟槽、地坑深度超过6m时，6m＜深度≤7m,按深度≤6m相应项目人工乘以系数1.25；7m＜深度≤8m,按深度≤6m相应项目人工乘以系数1.25～2；以此类推。

（4）开挖有支撑设施条件下的土方时，支撑设施区域内的土方开挖人工按照相应定额人工数量乘以系数1.43。

（5）人工开挖桩间土方时，桩间区域内的土方开挖按照相应定额子目人工工日数量乘以系数1.5。计算桩间区域内的土方开挖工程量时，扣除桩所占体积，不计算送桩深度土方体积，不计算相邻群桩外围之间空地面积大于36㎡区域土方体积。

（6）满堂基础垫层底以下局部加深的槽坑，按槽坑相应规则计算工程量，相应项目人工、机械乘以系数1.25。

（7）冻土是指0℃及以下形成的夹含冰块的各种工程岩体。《电力建设工程预算定额（2018年版） 第一册 建筑工程》定额中的冻土，指短时冻土和季节冻土。人工挖冻土厚度超过1m时，定额乘以系数1.05。

（8）定额不包括处理炮孔地下渗水、炮孔积水所发生的费用，应根据处理的方式另行计算。定额不考虑覆盖设施、安全警戒设施等费用；定额中包括封锁爆破区、爆破前后检查费用。

（9）土石方混合回填碾压时，石方比例大于35%时，按照石方回填碾压计算；石方比例小于35%时，按照土方回填碾压计算。

（10）填石碾压定额中包括掺土碾压、石方破解碾压等工作内容。工程实际土方掺合比例、石方破解程度与定额不同时不做调整。

（11）耕植土过筛、挑拣不包括回填费用、筛余土石方外运，发生时，其费用另行计算。

（12）土石方工程未包括现场障碍物清除、地下常水位以下的施工降水、土石方开挖过程中的排水与边坡支护，实际发生时，另按《电力建设工程预算定额（2018年版） 第一册　建筑工程》的其他章节相应规定计算。

3.1.1.2　主要说明解释

（1）土质类别根据"土壤及岩石（普氏）分类表"进行划分[详见《电力建设工程预算定额（2018年版）》 第一册　建筑工程（上册）的附录G]。Ⅰ～Ⅳ类为土，Ⅴ～Ⅹ类为岩石。定额中土方与石方的类别已经综合考虑。

（2）土方工程根据施工方法分为机械施工土方与人工施工土方。机械施工土方定额已经综合考虑了机具配置，如开挖机械、运输机械、碾压机械及人工配合机械施工的因素。石方放炮打眼综合考虑了人工凿孔和机械钻孔，石方出碴考虑了不同的装载机械、运输机械，石方回填碾压考虑了土石料的混合。

（3）机械开挖土方定额中包括人工清理边角土方费用。

3.1.1.3　主要工程量计算规则解释

（1）土石方挖、填、运的体积按照挖掘前自然密实体积计算，松散系数与压实系数影响的土石方量已在定额中考虑，不另行计算。

（2）挖方体积按照挖掘前自然密实体积计算，是指按照未经扰动的自然状态下几何尺寸计算的挖方量。

（3）填方体积按照挖掘前自然密实体积计算，是指按照实际存在的自然填方区或实际需要回填的坑槽几何尺寸计算的填方量。

（4）运方体积按照挖掘前自然密实体积计算，是指按照自然状态下几何尺寸计算的挖方量扣减需要留下来的、已经折算成挖掘前自然密实体积的填方量后的余土方量。

（5）挖土深度从室外整平设计标高开始计算，超出室外整平设计标高的土石方量应按照竖向土石方量计算。

（6）地下工程施工工作面宽度按照《电力建设工程预算定额（2018年版） 第一册　建筑工程》的表1–4计算。

（7）土方开挖放坡系数按照《电力建设工程预算定额（2018年版） 第一册　建筑工程》的表1–3计算。

（8）机械施工土石方坡道工程量根据坡道底宽与坡度，按照相应的规则计算。

（9）单位工程独立开挖总土石方工程量不应大于单位工程大开挖土石方工程量。

（10）当建设单位提交的场地平整标高高于场地平整设计标高（即为最终标高或终平标高）时，高出部分的土方开挖量按照竖向布置工程量计算，执行场地平整定额。当建设单位提交的场地平整标高低于场地平整设计标高（终平标高）时，按照实际场地平整标高计算土方开挖起点，同时需要按照实际场地平整标高计算回填土方工程量。

3.1.2 地基处理与基坑支护工程

3.1.2.1 定额说明

（1）换填定额子目中不包括被换填土方的开挖、运输费用，其费用按照《电力建设工程预算定额（2018年版） 第一册 建筑工程》中第1章相应的定额另行计算。

（2）强夯。

1）强夯工程不分土壤类别，一律按照《电力建设工程预算定额（2018年版） 第一册 建筑工程》执行。

2）强夯定额中机械是综合取定的，工程实际与其不同时，不做调整。

3）《电力建设工程预算定额（2018年版） 第一册 建筑工程》未编制400、500及800t·m强夯定额子目。当工程采用400t·m夯能机械施工时，按照600t·m定额子目乘以系数0.7计算费用；当工程采用500t·m夯能机械施工时，按照600t·m定额子目乘以系数0.85计算费用；当工程采用800t·m夯能机械施工时，按照600t·m定额子目乘以系数1.15计算费用。

4）强夯定额中考虑了各类布点形式，执行定额时不做调整。布点排列按照不间隔连续依次夯击击数计算，若设计要求夯点分两遍间隔夯击时，相应定额基价增加25%，若设计要求，夯点分三遍间隔夯击时，相应定额基价增加50%，工程量不变。

5）《电力建设工程预算定额（2018年版） 第一册 建筑工程》的夯点间距是按照4m以内考虑的，如夯点间距大于4m小于8m时，其定额中"五击以内"及"每增加一击"子目应乘以系数0.75。

6）设计要求在强夯过程中填充材料时，相应强夯定额中人工数量、机械台班数量乘以系数1.2。所填充材料的施工费应另行计算。

7）单位工程强夯面积小于600㎡时，相应的强夯定额子目基价应乘以系数1.25。

（3）地下混凝土连续墙。

1）导墙开挖定额综合考虑了机械挖土、人工挖土、浇筑槽底混凝土垫层等工作内容。

2）挖土成槽定额中包括自卸汽车运土1km，运距超出1km时按照《电力建设工程预算定额（2018年版） 第一册 建筑工程》中第1章自卸汽车运土运距每增加1km定额计算。浇制地下连续墙定额中已综合考虑了垂直度、超挖深度、超灌量的损耗。

3）锁口管吊拔、清底置换定额是按照"段"进行编制的，定额综合考虑了每段工程量的大小，工程实际与定额不同时不做调整。

（4）搅拌桩。粉喷桩、水泥浆旋喷桩、三轴深搅桩工程实际水泥用量与定额用量不同时，按如下方法换算：

1）桩项目已综合了正常施工工艺需要的重复喷浆（粉）和搅拌。空搅部分按相应项目的人工及搅拌桩机台班乘以系数0.5计算。

2）三轴水泥搅拌桩项目水泥掺入量按加固土重（1800kg/m³）的18%考虑，如设计不同时，水泥掺量每增减1%，按0.019t计算，其他不变；按二搅二喷施工工艺考虑，设计不同时，每增（减）一搅一喷按相应项目人工和机械费增（减）40%计算。空搅部分按相应项目的人工及搅拌桩机台班乘以系数0.5计算。

3）三轴水泥搅拌桩设计要求全断面套打时，相应项目的人工及机械乘以系数1.5，其余不变。

4）孔内深层强夯灰土挤密桩，成孔方式按洛阳铲成孔考虑。

（5）注浆桩。

1）注浆地基所用的浆体材料用量应按照设计含量调整。

2）废浆处理及外运执行《电力建设工程预算定额（2018年版） 第一册 建筑工程》中第1章相应定额子目。

（6）凿桩头，执行《电力建设工程预算定额（2018年版） 第一册 建筑工程》中第3章相应定额子目。

（7）喷射混凝土支护定额中不包括钢筋网片的制作、安装、吊装费用，工程发生时按照钢筋笼、网定额另行计算。

（8）锚杆支护、土钉支护需要搭拆脚手架时，按照实际搭设长度乘以

2m宽计算工程量,执行满堂脚手架定额子目。

(9)支挡土板定额分密撑和疏撑。疏撑是指间隔支挡土板,且板间净空不大于150cm的情况;密撑是指满堂支挡土板或板间净空不大于30cm的情况。定额综合考虑了不同间隔疏撑,执行定额时不做调整。

3.1.2.2 定额工程量计算规则

(1)定额说明中调整单价部分的工程量仅为超出定额技术标准部分的工程量,不包括符合定额技术条件部分的工程量。

(2)强夯工程量计算。

1)强夯工程量按照设计规定的强夯面积,区分夯击能量、夯点间距、夯击遍数以平方米计算。

2)以边缘夯点外边线计算,包括夯点面积和夯点间的面积。

3)扣除面积大于64㎡不布夯的空地面积。

(3)灌注砂、石桩工程量计算。

1)灌注砂、石桩按照体积计算工程量,不扣除桩尖虚体积。桩长=设计桩长+0.25m+桩尖长度。桩尖长度结合工程实际施工技术,据实计算。

2)打孔灌注砂桩、砂石桩、碎石桩的体积按照桩长乘以钢管箍外径截面积计算。

3)打孔后先埋入预制钢筋混凝土桩尖再灌注砂、石时,桩尖单独计算,灌注桩长度不计算桩尖长度。

4)振冲成孔灌注桩按照桩长乘以设计桩截面积计算。

(4)灰土挤密桩、孔内深层强夯灰土挤密桩工程量按照设计桩长增加0.25m乘以设计成桩截面积以立方米计算。成桩直径按照设计桩直径计算。

(5)水泥搅拌桩。

1)水泥粉喷桩、水泥浆旋喷桩按照设计桩长计算工程量。

2)三轴水泥搅拌桩按设计桩长加0.25m乘以设计桩外径截面积,以体积计算。

（6）凿桩头以凿桩长度（设计超灌长度）乘以设计桩截面积以立方米计算；凿人工挖孔桩护壁按照实际体积计算。截桩头按照被截桩根数计算。

（7）压密注浆钻孔数量按设计图示以钻孔深度计算。注浆数量按下列规定计算：

1）设计图纸明确加固土体体积的，按设计图纸注明的体积计算。

2）设计图纸以布点形式图示土体加固范围的，则按两孔间距的一半作为扩散半径，以布点边线各加扩散半径，形成计算平面，计算注浆体积。

3）如果设计图纸注浆点在钻孔灌注桩之间，按两注浆孔的一半作为每孔的扩散半径，依此圆柱体积计算注浆体积。

（8）边坡处理工程量计算。

1）锚杆钻孔、灌浆按照入土长度以延长米计算。

2）锚杆制作、安装按照设计图示质量以吨计算。

3）砂浆土钉根据设计图纸布置，按照图示土钉锚杆钢材质量以吨计算。

4）喷射混凝土按照图示喷射混凝土表面积以平方米计算。

（9）高强植基毯边坡按照设计图示尺寸以平方米计算工程量，其他材料护坡均按照设计图示尺寸以立方米为单位计算工程量，格构式护坡按照设计图示混凝土实体体积计算。

（10）挡土板按设计文件（或施工组织设计）规定的支挡范用，以面积计算，无规定按照沟槽、基坑垂直支撑面积计算工程量。

3.1.3 桩基工程

3.1.3.1 定额说明

（1）打钢筋混凝土桩、静力压钢筋混凝土桩定额中包括钢筋混凝土成品桩购置费。当现场预制钢筋混凝土桩时，按照预制钢筋混凝土桩定额计算桩制作费，并根据电力建设工程预算定额（2018年版）　第一册　建筑工程》中第5章定额计算预制桩中的钢筋费用与桩运输费，同时扣减成品桩购置费。

（2）冲击钻孔施工穿过中、微风化岩石层时，穿过中、微风化岩石层的人工与机械乘以系数1.3。

（3）凿桩头。

1）电力建设工程预算定额（2018年版）　第一册　建筑工程》凿桩头定额适用于凿桩头高度在设计超灌长度范围内桩头。

2）预制钢筋混凝土管桩、方桩凿桩头的高度设定在0.75m以内，超过0.75m时应先截桩后凿桩。被截桩断面面积在0.2m²以内的，每个截桩头按照40元计算；被截桩断面面积在0.2m²以外的，每个截桩头按照60元计算。

3）凿人工挖孔桩未浇注桩芯部分的混凝土护壁时，按照凿混凝土桩头定额乘以系数0.8计算。

4）凿人工挖孔桩砂浆护壁、实心砖护壁时，按照凿混凝土桩头定额乘以系数0.6计算。

5）截（凿）桩头项目适用《电力建设工程预算定额（2018年版）　第一册　建筑工程》中各类桩的桩头截（凿）。

（4）在钢筋笼、网制作定额中，综合考虑了不同的连接方式，工程实际与定额不同时不做调整。

（5）钢筋笼、网安装定额中包括其运输费用。

（6）旋挖桩、螺旋桩、人工挖孔桩等干作业成孔桩的土石方场内、场外运输，执行《电力建设工程预算定额（2018年版）　第一册　建筑工程》第1章中相应项目执行。

（7）定额内未包括泥浆池制作，实际发生时按定额相应项目执行。

（8）定额内未包括泥浆场外运输，实际发生时执行《电力建设工程预算定额（2018年版）　第一册　建筑工程》第1章中自卸汽车运淤泥、流砂相应项目。

3.1.3.2　定额工程量计算规则

（1）预制钢筋混凝土桩工程量计算。

1）预制钢筋混凝土桩体积按照设计桩长（包括桩尖，不扣除桩尖虚体积）乘以截面积计算。

2）管桩的空心体积应扣除，管桩空心部分如需要灌注混凝土或其他填充料时，另行计算。

3）预制桩制作损耗量按照1.5%计算。

（2）钢结构桩工程量计算。

1）钢管桩按照设计长度分管径以吨计算，设计长度从桩顶计算至桩底（不包括桩尖或桩靴长度）。

2）桩尖（靴）按照质量计算工程量。工程打桩不设置桩尖（靴）时，不计算工程量；工程打桩不按照设计图纸设置桩尖（靴）时，可根据打桩实际采用的桩尖（靴）计算工程量。

3）钢管桩内切割分直径按照根数计算。

4）钢管桩割焊盖帽分直径按照个数计算。

5）钢管桩电焊接头分直径按照个数计算。

6）送钢结构桩按照被送桩长质量以吨计算，被送桩长从打桩架底计算至桩顶标高。

7）管桩桩心填料按照管桩内径乘以填料高度以体积计算工程量。

（3）灌注混凝土桩工程量计算。

1）灌注混凝土桩按照体积计算工程量，不扣除桩尖虚体积。桩长＝设计桩长＋设计超灌长度＋桩尖长度。设计超灌长度按照图纸要求计算，图纸无要求时，按照设计桩长5%计算，超灌长度大于1m时按照1m计算。桩尖长度结合工程实际施工技术，据实计算。

2）打孔灌注桩的体积按照桩长乘以钢管管箍外径截面积计算。

3）打孔后先埋入预制钢筋混凝土桩尖再灌注混凝土时，桩尖单独计算，灌注桩长度不计算桩尖长度。

4）钻孔、振冲成孔灌注桩按照桩长乘以设计桩截面积计算。

5）支盘桩分直径按照体积计算工程量，支盘桩中支与盘的工程量按照设计断面与长度计算工程量，并入支盘桩体积内。

6）人工挖孔桩工程量计算：人工挖孔桩土方量按照设计桩长加空桩长度乘以设计桩截面积以立方米计算。有护壁桩设计桩截面直径为桩护壁外直径，无护壁桩设计桩截面直径为桩芯混凝土直径。空桩长度从设计桩顶计算至挖孔地面标高。

桩底部扩孔土方按照设计图示尺寸计算工程量，并入挖孔桩土方内。

护壁体积按照设计护壁高度乘以设计护壁截面积以立方米计算。

人工挖孔桩桩芯：桩芯混凝土体积按照桩长乘以设计桩截面积计算；桩头扩大部分体积以立方米计算，并入桩芯体积内。

7）桩底入岩工程量按照设计图示尺寸以立方米计算。

（4）灌注混凝土桩的钢筋笼制作、安装根据设计规定以吨计算。钢筋搭接用量、施工措施钢筋用量按照《电力建设工程预算定额（2018年版）第一册 建筑工程》中第5章钢筋工程量计算规定计算。

（5）凿桩头以凿桩长度（设计超灌长度）乘以设计桩截面积以立方米计算；凿人工挖孔桩护壁按照实际体积计算。截桩头按照被截桩根数计算。

（6）打圆木桩打桩按设计桩长（包括接桩）及桩梢径，按木材桩体积计算工程量，不计算桩施工损耗量。

（7）凿桩头以凿桩长度（超灌长度）乘以设计桩截面积以立方米为单位计算工程量；凿人工挖孔桩护壁按照实际体积计算。截桩头按照被截桩根数计算。

（8）声测管埋设，按照设计图示长度以米计算工程量。

3.1.3.3 主要说明解释

（1）灌注桩施工时的充盈系数与施工损耗量在定额中是分别列出的工程实际只能调整充盈系数，损耗系数不做调整。在计算实际用量与定额用量比值时均不包括施工损耗量。

（2）冲击钻孔灌注混凝土桩定额孔深为20m以内，如孔深超过20m时，每超过10m，按照20m以内定额人工数量、机械台班数量增加28%，超过部分不足10m时按照插入法计算。

1）当工程实际冲击钻孔灌注混凝土桩孔深为28m时，其中有8m桩长工程量施工时定额人工数量、机械台班数量增加$8 \times 0.28/10 \times 100\%=22.4\%$。

2）当工程实际冲击钻孔灌注混凝土桩孔深为38m时，其中：$20 \sim 30m$桩长部分工程量施工时定额人工数量、机械台班数量增加28%；$30 \sim 38m$桩长部分工程量施工时定额人工数量、机械台班数量增加$28\%+8 \times 0.28/10 \times 100\%=50.4\%$。

（3）微型桩（树根桩）参照钻孔混凝土灌注桩定额执行。

3.1.3.4 主要工程量计算规则解释

（1）定额说明中调整单价部分的工程量仅为超出定额技术标准部分的工程量，不包括符合定额技术条件部分的工程量。

（2）上述条文是指在地基处理时，发生土质类别、成孔深度、施工规模等差异，用于定额基价调整的部分工程量计算原则。

（3）桩长计算应包括桩尖长度，但必须是形成桩孔时应用了桩尖，否则没有桩尖长度的概念。

（4）灌注桩入岩工程量只计算未风化、微风化、中风化岩石层部分工程量。不计算全风化与强风化岩石层部分工程量。但中风化入岩工程量执行定额时基价乘以系数0.65。

3.1.4 砌筑工程

3.1.4.1 定额说明

（1）定额中的砌筑砂浆是按照常用强度等级列出，当与设计规定的强度等级不同时，按照《电力建设工程预算定额（2018年版）　第一册　建筑工程》的附录E进行调整。

（2）定额中砖、砌块、石料按照标准或常用规格编制，设计规格与定额不同时，砌体材料和砌筑（黏结）材料用量应作调整换算。

（3）砌块墙体定额中包括门窗洞孔边砌筑标准砖工程量。

（4）雨水井箅子、铸铁井盖定额包括其成品购置费、安装费。

（5）定额中各类砖、砌块及石砌体的砌筑均按直形砌筑编制，如为圆弧形砌筑的，按相应定额人工用量乘以系数1.10，砖、砌块及石砌体及砂浆（黏结剂）用量乘以系数1.03计算。

3.1.4.2　定额工程量计算规则

（1）标准砖以240mm×115mm×53mm为准，标准砖墙厚度按照《电力建设工程预算定额（2018年版）　第一册　建筑工程》的表4-1计算。

（2）基础与墙身（柱身）划分。

1）基础与墙身使用同一材料时，以室内设计地坪分界，以下为基础，以上为墙身。

2）基础与墙身使用不同材料时，位于设计室内地面±300mm以内时，以不同材料为界；超过±300mm时，以设计室内地坪为界。

3）有地下室者，以地下室室内地坪分界。

4）砖围墙以室外地坪分界，以下为基础，以上为墙身。

5）石围墙内外地坪标高不同时，以较低的地坪标高为界，以下为基础，墙内外标高之差为挡土墙，高标高地坪以上为墙身。

6）挡土墙不分基础与墙身。

（3）墙体工程量计算。

1）砖墙、多空砖墙、砌块墙、石墙工程量按照设计图示尺寸以体积计算。扣除门窗洞口、过人洞、空圈所占体积；扣除嵌入墙内的钢筋混凝土柱、梁、圈梁、过梁、挑梁、预埋块所占体积；扣除凹进墙内的壁龛、管槽、消火栓箱、电表箱等所占体积。不扣除梁头、板头、檩头、垫木、木砖、门窗走头、砖墙内加固钢筋、铁件及单个面积在 0.3 ㎡ 以内孔洞等所占体积。突出墙面的三皮砖以下腰线和挑檐、窗台线、窗台虎头砖、压顶线、门窗套等体积也不增加。洞口上砖平璇、钢筋砖过梁不单独计算。

2）砖垛、扶壁柱及三皮砖以上的腰线和挑檐体积，并入墙体工程量内。

3）墙体长度：外墙按照外墙中心线长计算，内墙按照内墙净长计算。

4）标准砖墙厚按照《电力建设工程预算定额（2018年版） 第一册　建筑工程》中表4-1的规定计算;空心砖墙、砌块墙、石墙厚度按照设计尺寸计算。

5）墙高度。

a.外墙高度：斜（坡）屋面无檐口天棚的，算至屋面板底；有屋架且室内外均有天棚的，算至屋架下弦底面另加 200mm；无天棚的，算至屋架下弦底加300mm；檐口出檐宽度超过600mm时，应按照实砌高度计算；平屋面算至钢筋混凝土板底。

b.内墙高度：位于屋架下弦的，算至屋架下弦底；无屋架的，算至天棚底加100mm；有钢筋混凝土楼板隔层的，算至板底。

c.内外山墙墙身高度，按照其平均高度计算。

d.女儿墙高度从屋面板顶标高计算至女儿墙顶标高，当女儿墙设有混凝土压顶时，计算至混凝土压顶底标高。

e.框架间砌体以框架间净空面积乘以墙厚计算，框架面贴砌部分合并计算。

6）空花砖墙按照空花部分外形体积以立方米计算，空花部分不扣除。实体部分单独计算。

7）空心砖墙按照体积以立方米计算，不扣除其空心部分体积。

8）附墙通风道、垃圾道、电缆竖井工程量按照设计图示尺寸以体积计算，并入所依附的墙体工程量内，不扣除单个孔洞横断面在0.1 ㎡以内的体积。

（4）砖散水、地坪按设计图示尺寸以面积计算工程量。

（5）砖砌体加筋按照设计长度乘以单位理论质量计算。

（6）砌体围墙按照设计中心线长乘以墙身高再乘以围墙厚以立方米计算。围墙中的镂空部分不扣减，附墙柱计算体积并入围墙体积内。扣除围墙中混凝土柱、混凝土砌块所占体积，混凝土砌块、混凝土围墙柱另行计算，执行相应的定额。

（7）围墙中独立砌体柱单独计算，执行柱定额。

3.1.4.3　主要说明解释

（1）轻质材料砌体中包括标准砖砌筑。工程中应以墙主体材料为主确定砌体结构，材料实际比例与定额不同时，不做调整。

（2）铸铁井箅子、铸铁井盖费用包括在其安装定额中。采用其他材质井盖时，按照铸铁井盖进行补差。

（3）定额包括了水平运输费用，不再单独计算。垂直运输费用随建筑物、构筑物整体计算。

3.1.4.4　主要工程量计算规则解释

（1）墙体厚度按照标准砖、砌块尺寸计算，统一了预算与概算工程量计算规定。

（2）由于砌筑材料不同，围墙的墙体与基础以室外整平设计标高分界。

（3）外墙高度分屋顶形式分别计算，作为外墙部分的女儿墙单独计算工程量，执行外墙定额。

（4）内墙位于钢筋混凝土梁下时，其高度计算至梁底。

（5）附墙砌筑的砌体体积并入墙体工程量中，执行相应的墙体定额。

3.1.5　混凝土与钢筋、铁件工程

3.1.5.1　定额说明

（1）定额中模板综合考虑了钢模板、组合模板、复合模板、木模板及

砖地模和混凝土地模，实际施工采用不同模板时，不做调整。定额综合考虑了现浇混凝土柱高度超过6m、现浇混凝土梁板高度超过3.6m、基础及地下墙（壁）埋深超过3m的模板支撑措施，执行定额时不再另行增加模板支撑费用。

（2）定额子目中所列的组合模板和复合模板，工程中采用何种模板，应根据批准的施工组织设计确定。

（3）当设计要求为清水混凝土时，执行相应复合模板项目，并作如下调整：复合模板材料按照镜面胶合板进行补差，机械不变，人工按《电力建设工程预算定额（2018年版）第一册建筑工程》的规定增加技术工工日。

（4）防火墙定型大钢模板定额子目，已考虑清水混凝土工艺，工日数量不增加。

（5）换流站直流场轨道基础执行条形基础定额。

（6）毛石混凝土基础中毛石含量占混凝土体积20%，设计要求配比含量不同时可以调整。

（7）现浇零星构件是指天沟、压顶、雨篷等。

（8）钢筋混凝土定额中不包括钢筋、铁件费用（特殊说明除外）。钢筋按照机械加工、手工绑扎与焊接综合考虑，工程实际施工与定额不同时不做调整。按照接头个数计算电渣压力焊接头、套筒冷压接头、螺纹接头费用后，不再计算钢筋搭接用量。

（9）定额中Φ10以内钢筋按照不同规格Ⅰ级钢考虑的，Φ10以外钢筋按照不同规格Ⅰ～Ⅲ级钢考虑的，除另有说明外不做调整。

（10）定额综合考虑了钢筋、铁件施工损耗率，工程实际施工与定额不同时不做调整。

（11）弧形钢筋（不分曲率大小）执行相应钢筋定额时，人工费与机械费乘以系数1.6。

（12）钢筋工程中措施钢筋，按设计图纸规定及施工验收规范要求计算，执行支撑钢筋（铁马）定额子目。如采用其他材料时，另行计算。

（13）定额中混凝土按照集中搅拌站搅拌制备、采用机械运输为主、人工浇灌考虑的。混凝土的强度等级、石子粒径、搅拌方式、浇注方式不同时按照《电力建设工程预算定额（2018年版）　第一册　建筑工程（上册）》附录D的要求换算；图纸设计要求增加的外加剂如阻锈剂、掺抗裂纤维等另行计算。

（14）台阶混凝土含量是按 $0.173m^3/m^2$ 综合编制的，如设计含量不同时，可以换算；台阶包括了混凝土浇筑及养护内容，未包括基础夯实、垫层及面层装饰内容，发生时执行《电力建设工程预算定额（2018年版）　第一册　建筑工程》相应定额。

（15）二次灌浆，如灌注材料与设计不同时可以换算灌注材料费；空心砖内灌注混凝土，执行小型构件定额。

（16）定额中预制构件包括砖地模、混凝土地模的铺设及拆除，地模费用见《电力建设工程预算定额（2018年版）　第一册　建筑工程（上册）》的表5-2。混凝土构件按照自然养护考虑，如采用蒸汽养护时另行计算养护费用。

（17）混凝土构件安装分现场预制构件安装和购置成品构件安装。现场预制构件安装定额中包括了1km场内运输，工程实际运距超出1km时，应增加构件运输费用。

（18）构件安装、装卸、水平运输机械在定额中是综合考虑的，包括构件翻身、就位，工程施工中不得因机械配备而调整费用。

（19）构件安装包括清理、冲刷。混凝土构件表面需要凿毛时应执行混凝土凿毛定额。构件接头的二次灌浆已综合在安装定额中，不另行计算。

（20）定额中预制混凝土构件运输距离为30km以内，运输距离超过30km时，按照公路货运标准计算。

（21）装配式建筑构件安装。

1）装配式建筑构件按外购成品考虑，包括钢筋、铁件。

2）装配式建筑构件包括构件卸车、堆放支架。

3）装配式建筑构件包括安装费用。

（22）加固工程。

1）定额不包括拆除混凝土地坪、挖填土方、排除地下障碍物。遇特殊作业需做排水、通风处理时，其费用可另行计算。

2）混凝土加固基础、柱、梁、板均按木模考虑，其计价方法按钢筋混凝土分部工程说明计算。

3）柱加固定额中已扣除柱、梁、板叠合混凝土体积。

4）梁围套加固定额中楼板洞补缺混凝土体积已综合在定额内。

5）被加固体的表面修补不包括在定额内容中。

6）定额不包括钢板涂刷防锈漆、防火漆工作内容。

7）定额适用单位工程 $10m^2$ 以上工作量的粘钢工程。

8）植筋不包括植入的钢筋制作，按钢筋制作安装相应项目执行。

3.1.5.2 定额工程量计算规则

（1）基础、底板、垫层工程量扣除伸入承台基础的桩头所占体积。

（2）支架类独立基础短柱高度超过1.2m时，其基础短柱执行现浇柱定额。

（3）布置在楼板上的设备基础，其体积并入依附的梁、板工程量内。

（4）布置在坑、池底板上的设备基础，其体积并入依附的底板工程量内。

（5）计算混凝土板工程量时，不扣除单个面积0.3㎡以内孔，预留孔所需工料也不增加。

（6）洞所占体积，预留孔所需工料也不增加；不扣除板与柱交叉重复部分混凝土体积。

（7）有梁板按照框架梁间净体积计算，包括非框架主梁、次梁、板工程量。

（8）计算墙、间壁墙、电梯井壁工程量时，应扣除门、窗洞口及单个面积 $0.3m^2$ 以上的孔洞所占体积。混凝土墙（壁）中的圈梁、过梁、暗梁、暗柱不单独计算工程量，其体积并入墙（壁）体积内。

（9）混凝土墙（壁）与底板、顶板连接处"三角形"工程量并入墙（壁）体积内计算。混凝土墙（壁）与底板以底板顶标高分界；混凝土墙（壁）与顶板以顶板底标高分界。

（10）挑檐与梁连接时，以梁外边线分界。

（11）空心板按照实体积计算工程量，扣除孔洞所占体积。

（12）小型混凝土构件安装是指预制雨篷、遮阳板、通风道、垃圾道、楼梯踏步及单件体积小于 $0.1m^2$ 的构件安装。

（13）钢筋工程量由设计用量、连接用量、施工措施用量组成。计算钢筋工程量时，不计算钢筋连接铁件、绑扎钢筋镀锌铁丝、焊接钢筋焊条、螺纹连接套筒、电渣压力焊剂质量。

（14）钢筋设计含有连接长度时，连接用量计算在设计用量中，不再单独计算连接用量。

（15）钢筋设计长度与根数应根据构件尺寸和结构设计规范要求计算。

（16）钢筋连接用量按照施工图规定或规范要求计算。施工图未注明的，以单位工程施工图设计钢筋总用量为计算基数，按照4%计算，并入钢筋用量。

（17）计算钢筋连接用量时，单位工程施工图设计钢筋总用量不含设计连接用量。不属于连接的对焊、电渣压力焊、螺纹连接、冷挤压、植筋的钢筋量也不作为计算连接用量基数。

（18）施工措施钢筋用量，支撑钢筋、支撑型钢按设计图示（或施工验收规范要求）尺寸乘以单位理论质量计算，设计图纸或施工验收规范无要求，根据批准的施工组织设计计算。无批准的施工组织设计时，施工措施钢筋用量建筑物按照单位工程施工图设计钢筋总用量与连接用量之和的1%计算，构筑物按照单位工程施工图设计钢筋总用量与连接用量之和的3.5%计算，执行支撑钢筋（马铁）定额子目，支撑型钢执行支撑型钢（马铁）定额子目。支撑钢筋（马铁）定额子目中圆钢Φ10以上钢筋，按成型钢筋的单价进行补差。

（19）铁件、设备螺栓固定架、穿墙钢套管设计用量按照图示尺寸、依据钢材单位理论质量计算。不计算焊条质量。预埋螺栓质量包括螺头、螺杆、螺母质量。

（20）钢筋绝缘套按照设计图纸要求绝缘数量套计算，包括绝缘绑扎带、绝缘垫片等，采用其他方式绝缘时，材料可以替换，人工不变。钢筋绝缘套数量在10万套以内时，执行定额基价；当钢筋绝缘套数量超过10万套时，超过部分的定额基价乘以系数0.5。

（21）化学锚栓埋设按照设计图示数量以个计算工程量。

（22）弹簧隔震装置安装按照设计图示数量以个计算，包括弹簧隔震装置地面清理、安装，不包括弹簧隔震装置材料费，如发生应另行计算。

（23）装配式建筑构件安装。

1）装配式建筑构件工程量均按照设计图示尺寸以体积计算（除钢筋桁架、复合沟盖板、带槽口盖板、玻璃钢格栅板按面积计算）。不扣除构件内钢筋、预埋铁件等所占体积。

2）装配式墙、板安装，不扣除单个面积不大于0.3m²的空洞所占体积。

3）铝镁锰板女儿墙压顶，按照设计图示延长米计算。

（24）加固工程。

1）基础：基础加固体积按新增混凝土实体积以立方米计算。

2）侧向钢筋混凝土柱加固：按侧向新增柱截面积乘以柱高以立方米计算。

3）梁底加固：按新增混凝土截面:积乘以梁长以立方米计算。

4）板：按混凝土实体体积以立方米计算，应扣除单个面积0.3m² 以上空洞体积。

5）碳纤维布加固：黏结碳纤维增强复合材料布加固钢筋混凝土柱，按碳纤维增强复合材料布展开面积以平方米计算，黏结碳纤维增强复合材料布的规定搭接，已综合在定额材料消耗量中，工程量不能另行计算。

6）钢筋混凝土种植筋与化学黏结锚栓：植钢筋与化学黏结锚栓均按实际数量，以根计算。

3.1.5.3 主要说明解释

超深、超高混凝土构件施工所需的模板支撑系统在定额中已经包括，是采用钢管脚手架支撑系统，工程实际与其不同时不做调整。钢管脚手架支撑系统不能代替施工脚手架，施工脚手架按照规定另行计算。

3.1.5.4 主要工程量计算规则解释

（1）布置在楼板上的设备基础包括零米层楼板上的设备基础。

（2）钢筋加工损耗量综合在定额中，不再单独计算工程实际损耗量与定额标准不同时，不做调整。

（3）计算预制混凝土构件钢筋用量时，应包括预制混凝土构件损耗量中的钢筋量。

3.1.6 金属结构工程

3.1.6.1 定额说明

（1）定额适用于金属构件现场加工制作，也适用于企业附属加工厂的制作加工。钢结构制作定额中包括了一般钢结构加工场地、组合平台的摊销费。

（2）金属构件制作定额中，不包括除锈、刷防锈漆、刷油漆费用，应按照《电力建设工程预算定额（2018年版） 第一册 建筑工程》中第12

章相应定额另行计算。

（3）金属构件制作子目中不包括镀锌费，发生时执行相应定额。

（4）成品金属结构安装包括金属结构成品购置费及金属结构安装费。

（5）钢屋架（包括双向拱形屋架）安装定额已综合考虑了支撑、天窗架、屋架的拼装组合内容。

（6）沉降观测标及沉降观测标保护盒包括成品购置费及安装费，沉降观测标和沉降观测标保护盒，根据设计要求2个定额子目可以同时套用，如设计只有安装沉降观测标时，沉降观测标保护盒子目不能套用。

（7）金属墙板和金属屋面板的板材规格、材质及保温层厚度工程设计与定额不同时允许换算，但人工与机械费不做调整。

（8）金属结构安装分现场制作构件安装和购置成品构件安装。现场制作构件安装定额中包括了1km场内运输，工程实际运距超出1km时，应增加构件运输费用。

（9）定额中金属结构运输距离为30km以内，运输距离超过30km时，按照公路货运计价标准计算。

3.1.6.2　定额工程量计算规则

（1）金属结构制作工程量按照成品质量计算，依据图示尺寸以吨计算，应计算组装、拼装连接螺栓的质量，不计算焊条、铆钉的质量。

（2）钢吊车梁工程量包括梁及依附于梁上的车挡、连接件的质量。钢吊车梁上钢轨单独计算。

（3）矩形钢煤斗工程量按照图示尺寸、根据钢板宽度分段计算；圆形钢煤斗按照图示展开尺寸、根据钢板宽度分段计算。煤斗加劲肋、连接件、盖板的质量合并在煤斗质量内计算。

（4）金属结构安装、运输工程量同制作工程量，定额综合考虑了焊条、油漆等质量。

（5）钢网架按照设计图示尺寸的杆件以吨计算，支撑点钢板及屋面找坡顶管等应并入网架工程量内。

（6）钢轨按照成品质量计算工程量，不计算连接件、道钉、螺栓质量。

（7）沉降观测标及沉降观测标保护盒，按照设计图示数量以套计算工程量。

（8）金属墙板工程量计算时，突出墙面柱子侧面、墙垛侧面、女儿墙压顶、女儿墙里侧的墙板面积计算工程量，并入金属墙板工程量中。

（9）金属屋面板工程量计算：

1）金属屋面板工程量分有保温屋面板和无保温屋面板，分别计算。

2）平屋顶按照屋面水平投影面积计算，扣除天窗洞口、屋顶通风器洞口及单个面积在 $0.3m^2$ 以上孔洞所占面积。

3）坡屋顶按照垂直坡屋面投影面积计算，扣除天窗洞口、屋顶通风器洞口及单个面积在 $0.3m^2$ 以上孔洞所占面积。

4）包角、包边、女儿墙根部泛水、接缝、盖缝、附加层等不另增加面积。

5）当屋面与外墙交叉处设置屋面裙板时，按照裙板高度乘以外墙外边线长度计算面积，根据材质执行相应的墙板定额。

（10）墙面板铝镁锰复合板、采光板按照设计图示尺寸以安装面积计算工程量，扣除门窗洞口及单个面积在 $0.3m^2$ 以上孔洞所占面积。

（11）钢警卫室按照建筑面积计算工程量。

（12）不锈钢天沟按照设计图示延长米计算工程量。

3.1.6.3 主要说明解释

（1）定额中H型钢结构构件是指采用H型钢材加工制作的钢结构构件。采用钢板焊接的H形状的钢结构构件应执行型钢组合制作定额。

（2）钢结构制作定额中不包括除锈、刷防锈漆工作内容，其费用执行《电力建设工程预算定额（2018年版） 第一册 建筑工程》第12章相应的定额。

3.1.6.4 主要工程量计算规则解释

（1）为了保证钢结构质量计算的准确性、减少争议，钢结构按照成品质量计算工程量。不计算切缝、加工损耗工程量，扣除切肢、切边、切角质量，不扣除直径小于50mm或周长小于200mm孔洞质量，不计算电焊条、铆钉质量，计算组装、拼装连接螺栓的质量。

（2）购置成品钢结构不单独计算除锈、刷防锈漆、刷油漆费用，其费用已经包含在购置费用中。如果购置成品钢结构需要单独计算有关除锈、刷防锈漆、刷油漆费用时，应执行钢结构现场制作后有关费用计算定额。

3.1.7 隔墙与天棚吊顶工程

3.1.7.1 定额说明

（1）隔墙定额适用于建筑物、构筑物内非砌体、非混凝土浇制的安装类隔墙。

（2）定额综合考虑了木龙骨的规格、木材种类、加工制作的方式、木材表面刨光等因素，执行定额时不做调整。

（3）成品隔墙安装定额中包括隔墙购置费、安装费。

（4）天棚吊顶定额中吊筋与龙骨及面板的规格、间距、型号等是按照常用标准考虑的，工程实际与定额不同时材料可以调整，但人工与机械不变。天棚龙骨吊筋高按1.5m内综合考虑。如涉及吊筋高超过1.5m需要二次支持时，吊筋应另行计算。

例：某工程层高6.1m，板厚为100mm，天棚吊顶后净高为4m，求轻钢龙骨的基价。

解：吊顶下吊为6.1－0.1－4=2m，定额中的吊筋只含1.5m，还有2－1.5=0.5m未算，定额YT7–30中吊筋为圆钢 Φ10以上消耗量为0.52kg。

（0.5/1.5）× 0.52=0.17kg

YT7–30换51.44+3.959 × 0.17=52.11元/m²。

（5）天棚吊顶面层在同一标高的为平面天棚，天棚吊顶面层不在同一标高的为跌级天棚。跌级天棚面层人工乘以系数1.1。

（6）天棚吊顶不包括灯光槽制作与安装，包括天棚检查孔的制作与安装。吊顶面板需要开照明孔时，面层定额子目人工乘以系数1.05，其他不变。

（7）超过3.6m标高天棚吊顶所需脚手架，按照《电力建设工程预算定额（2018年版）　第一册　建筑工程》第15章定额规定计算满堂脚手架费用，3.6m标高以内的天棚吊顶所需脚手架，综合在建筑物或构筑物综合脚手架内，不单独计算。

（8）隔墙、天棚吊顶定额中包括安装后填缝、收边、压条等工作内容不包括安装装饰线，需要时按照相应的定额另行计算。

（9）隔墙、天棚吊顶定额中不包括面层抹灰、油漆、饰面，根据工程设计要求执行《电力建设工程预算定额（2018年版）　第一册　建筑工程》第12章相应的定额。

（10）定额中包括基层、底层防腐处理。

（11）YT7–43、YT7–44、YT7–45顶棚安装定额子目，一般指室外露天的采光屋面，包括龙骨制作与安装、面板安装。

3.1.7.2　定额工程量计算规则

（1）隔墙按照主墙净长乘以净高以平方米计算，扣除门窗洞口及单个面积0.3m²以上孔洞所占面积。

（2）玻璃隔墙按照上横档顶面至下横档底面之间的高度乘以两边立挺外边线之间宽度以平方米计算。

（3）浴厕隔断计算按照上横档顶面至下横档底面之间的高度乘以设计图示长度以平方米计算。同种材质门扇面积并入隔断面积内计算。

（4）天棚吊顶龙骨按照主墙间净空面积计算，不扣除间壁墙、检查孔、电缆竖井口、通风道、墙垛、独立柱、管道等所占面积，但顶棚中的折线、跌落线、圆弧线、高低吊灯槽等面积不展开计算。

（5）天棚吊顶面层按照主墙间净空面积计算，不扣除间壁墙、检查孔、墙垛、管道等所占面积。扣除单个面积$0.3m^2$以上孔洞所占面积；扣除独立柱、电缆竖井、通风道、灯槽、与天棚连接的窗帘盒等所占面积。

（6）天棚中的折线、跌落线、圆弧线、高低吊灯槽、其他艺术形式的天棚面层等按照展开面积计算。

（7）板式楼梯底面装饰工程量按照水平投影面积乘以系数1.15计算；梁式楼梯底面装饰程量按照展开面积计算。

（8）YT7-43、YT7-44、YT7-45顶棚安装定额子目，按照设计实铺面积计算工程量。

（9）送风口、回风口安装，按照设计图示数量以个计算工程量。

3.1.8　门窗与木作工程

3.1.8.1　定额说明

（1）现场制作门窗所安装的玻璃种类、厚度设计与定额不同时，可以调整材料费，人工与机械不做调整。

（2）成品门窗安装定额包括成品门窗的购置、运输、安装、油漆、五金、配件、填缝、嵌固等工作内容。成品门窗定额中没有体现五金及配件含量，在补差时应包括成品门窗购置费和成品五金及配件购置费。五金及配件指门锁、拉手、地弹簧、铰链等。

（3）现场制作门窗安装五金与配件的配置见《电力建设工程预算定额（2018年版）第一册　建筑工程》的表8-1和表8-2。定额中现场门窗五金与配件是按照常规标准配置，工程实际与定额不同时，采用总价方式按照价差处理。即价差＝单位工程门窗安装工程实际五金与配件费用—单位工程门窗安装工程定额五金与配件费用。门窗定额中不包括门镜、门启闭器、门磁吸装置等安装费、材料费，工程需要时其费用单独计算。

（4）玻璃幕墙适用于外墙，内墙玻璃隔断执行《电力建设工程预算定额（2018年版）第一册 建筑工程》第7章相应的定额，玻璃幕墙定额包括幕墙墙架的制作与安装、镶挂玻璃等工作内容。工程设计采用的材质、规格与定额不同时按照价差处理。

（5）扶手栏杆定额中包括栏杆、扶手的制作、购置、运输、安装等工作内容。

（6）现场制作的门窗、木扶手、木制品定额中不包括木材面刷油漆，应根据设计要求执行《电力建设工程预算定额（2018年版）第一册 建筑工程》第12章相应的定额。

3.1.8.2　定额工程量计算规则

（1）玻璃幕墙按照外墙垂直投影面积计算工程量，扣除门窗洞口及单个面积0.3m²以上孔洞所占面积。

（2）暖气罩按照边框外围尺寸以平方米计算，侧面计算工程量。

（3）门窗套、木线条按照图纸尺寸以展开面积计算工程量。

（4）扶手栏杆按照设计延长米计算工程量（不包括伸入墙内的长度部分），其斜长部分按照水平投影长度乘以系数1.17计算。

（5）卷闸门宽度按照设计图示宽度、高度按照洞口高度增加600mm，以面积计算工程量。

（6）护角线条，按照设计延长米计算工程量。

3.1.8.3　主要说明解释

施工现场制作钢、铝合金、塑钢门窗时，其费用按照成品门窗计算，不单独计算现场加工制作发生的人工、机械等费用。

3.1.9 地面与楼面工程

3.1.9.1 定额说明

（1）地面填土垫层定额中不包括土的材料费，工程实际发生费用时另行计算。

（2）厚度不大于60mm的细石混凝土按找平层项目执行，厚度大于60mm时，按照《电力建设工程预算定额（2018年版） 第一册 建筑工程》第5章垫层子目执行。

（3）油池铺填卵石定额仅用于油池中算子上安放卵石项目，油池上铺其他材料时卵石可以替换，其他不变。

（4）防潮、防水定额子目适用于建筑物、构筑物除屋面防水以外的防潮、防水工程。包括楼地面、墙基、墙身、基础、沟道等防潮、防水工程。定额中包括转角处或交叉处的附加层以及防潮防水层的接头、接缝、收头等工作内容。地下防潮、防水层的保护层根据材质另行计算，执行相应的定额。

（5）地面整体面层与块料面层定额中包括地面找平层、结合层、面层。面层根据工程设计的材质与规格可以调整价差，找平层与结合层除定额规定允许调整外，不得调整。石材包括花岗岩、大理石等。定额不再单独设置花岗岩和大理石子目，均按照石材子目套用。

（6）镶贴块料是按规格考虑的，如需现场倒角、磨边的，按照所需磨边长度每米增加0.16工日，不包括开槽、开孔，发生时按照相应定额另行计算。

（7）块料楼地面需做分格、分色的，按相应定额人工乘以系数1.1。

（8）弧形踢脚线、楼梯段踢脚线按相应定额人工、机械乘以系数1.15。

（9）圆弧形等不规则楼地面镶贴面层、饰面面层按相应定额人工乘以系数1.15，块料消耗量按实际调整。

（10）水泥砂浆地面定额中包括了水泥砂浆踢脚板的费用，水泥砂浆踢脚板不单独计算。其他面层地面定额中不包括踢脚板费用，踢脚板根据材质单独计算。不做水泥砂浆地面时，方可套用水泥砂浆踢脚板定额子目。

（11）定额中块料踢脚板的高度是按照150mm编制的，工程设计超过150mm小于300mm时材料用量可以调整，人工与机械台班数量不变。当踢脚板高度大于300mm时执行相应的墙或柱面定额。

（12）石材指大理石、花岗岩等，实际采用不同材质按价差调整。

3.1.9.2　定额工程量计算规则

（1）防潮、防水工程量计算：

1）地面防潮、防水层工程量按照主墙间净空面积计算。扣除凸出地面的构筑物、设备基础等所占的面积，不扣除间壁墙及单个面积$0.3m^2$以内的柱、垛、附墙竖井、通风道、孔洞等所占面积。

2）地面与墙面连接处高度在500mm以内的防潮、防水层按照展开面积计算，并入地面工程量内；高度超过500mm时，按照立面防潮、防水层工程量计算。

3）基础墙平面防潮层工程量根据基础墙宽度乘以长度按照面积计算，外墙长度按照中心线计算，内墙长度按照净长线计算。

4）立面防潮、防水层工程量按照设计图示尺寸垂直投影面积以平方米计算。扣除门窗洞口及单个面积大于$0.3m^2$孔洞所占面积，柱、梁、垛、附墙竖井、通风道按照展开面积计算工程量。门窗洞口、孔洞四周不计算面积。

（2）楼梯面层工程量计算：

1）楼梯面层按照设计图示尺寸水平投影面积计算，包括踏步、休息平台、平台梁投影面积。

2）扣除宽度大于300mm楼梯井所占面积。

3）楼梯与楼面相连，楼梯面积计算至楼梯平台梁外侧边沿；无楼梯平台梁时，楼梯面积计算至最上一层踏步边沿加300mm。

4）楼梯与地面相连，有楼梯平台梁时楼梯面积计算至楼梯平台梁外侧边沿；有楼梯基础时楼梯面积计算至楼梯基础外侧边沿；与地面混凝土浇成一体时楼梯面积计算至第一个踏步边沿加300mm。

5）楼梯面层工程量不包括楼梯间踢脚板、楼梯梁板侧面及底面抹灰，应另行计算工程量，执行相应定额。

（3）阳台、眺台、外檐廊地面按照伸出墙外水平投影面积计算工程量，执行地面相应定额。

（4）沟道、池井、地坑底板面层及构筑物底板面层按照净面积计算工程量。凸出底板上的支墩、隔墙高度在500mm以内的面层按照展开面积计算，并入地面工程量内；高度超过500mm时，按照墙面工程量计算，执行《电力建设工程预算定额（2018年版） 第一册 建筑工程》第12章相应定额。

（5）卫生间便池侧面计算工程量，并入相应材质面层地面工程量内。

（6）踢脚线按照设计图示尺寸以米计算工程量。

3.1.9.3 主要说明解释

（1）混凝土垫层定额适用于地面工程，也适用于不支模板施工的底板混凝土垫层。需要支模板施工的基础混凝土垫层应执行《电力建设工程预算定额（2018年版） 第一册 建筑工程》第5章混凝土工程中的垫层定额。

（2）水磨石面层、细石混凝土面层、环氧类面层地面中不包括踢脚线工作内容。工程中需要做与地面面层材质相同的踢脚线时，执行同材质地面定额，其中人工与机械乘以系数1.5。

3.1.9.4 主要工程量计算规则解释

阳台、眺台、外檐廊地面按照伸出墙外水平投影面积计算工程量，不扣除栏板所占面积。

3.1.10　屋面与防水工程

3.1.10.1　定额说明

（1）瓦屋面定额中包括成品瓦的购置、运输、铺设等工作内容，铺设瓦屋面包括铺设屋脊、铺设端头瓦、挂角、收边、封檐等。当工程设计瓦屋面材料与定额不同时可以换算，其他工料与机械不做调整。

（2）屋面砂浆找平层、保护面层、隔气层执行《电力建设工程预算定额（2018年版）第一册　建筑工程》第9章地面与楼地面相应定额。

（3）卷材屋面定额综合考虑了满铺、条铺、点铺、空铺等铺设形式，执行定额时不得因铺设方式而调整。

（4）卷材屋面定额中包括刷冷底子油一遍，可根据工程设计要求按照《电力建设工程预算定额（2018年版）第一册　建筑工程》第9章相应的定额进行调整。

（5）卷材屋面定额中包括接缝、收头、找平层嵌缝等费用，不另行计算。

（6）铁皮排水定额中包括咬口和搭接的工料，不另行计算。工程设计铁皮厚度与定额不同时可以换算，其他工料与机械不做调整。

（7）屋面排水虹吸装置定额按照钢制排水管径编制，工程设计采用的材质、规格与定额不同时可以换算虹吸装置主材费用，其他工料与机械不做调整。

（8）刚性屋面定额中包括钢筋网费用，工程设计钢筋网用量与定额不同时，按照《电力建设工程预算定额（2018年版）第一册　建筑工程》第5章钢筋相应定额进行调整。

3.1.10.2　定额工程量计算规则

（1）瓦屋面工程量按照设计图示尺寸面积以平方米计算。不扣除凸出屋面的排气管及单个面积在0.3m² 以内的通风道、孔洞、屋面小气窗、斜沟等所占面积，屋面小气窗出檐部分的面积也不增加。坡屋面按照水平投影面积乘以屋面坡度延尺系数或隅延尺系数计算工程量。

（2）琉璃瓦檐口线工程量按照檐口线轮廓长度乘以檐口线斜宽（高）以平方米计算。

（3）卷材屋面工程量计算：

1）按照设计图纸图示尺寸面积以平方米计算。

2）坡屋面可以按照水平投影面积乘以屋面坡度延尺系数或隅延尺系数计算。

3）扣除水箱间、电梯井、天窗、屋顶通风器、屋顶设备等所占面积。

4）不扣除凸出屋面的排气管及单个面积在0.3m²以内的通风道、孔洞、屋面小气窗、斜沟等所占面积，其根部弯起部分不另行增加。

5）天窗出檐部分重叠的面积按照设计图示尺寸另行计算。

6）屋面与女儿墙、伸缩缝、天窗交叉处弯起部分，按照设计图示尺寸以平方米计算，并入卷材屋面工程量内。如图纸未注明尺寸，伸缩缝、女儿墙根部弯起部分按照250mm计算，天窗根部弯起部分按照500mm计算。

7）卷材屋面的附加层、接缝、收头、找平层的嵌缝、冷底子油已计入定额内，不另行计算。

（4）钢制、玻璃钢、硬聚氯乙烯（unplasticized polyvinyl chloride，UPVC）雨水管根据直径按照设计图示尺寸以延长米计算。

（5）钢制、玻璃钢、UPVC雨水口、雨水斗、弯头、虹吸装置根据直径按照设计布置以个或套计算。

（6）水泥基渗透结晶型防水涂料按照设计图示尺寸面积以平方米为单位计算工程量。不扣除凸出屋面的排气管及单个面积在0.3m²以内的通风道、孔洞、屋面小气窗等所占面积，扣除水箱间、电梯井、天窗、屋顶通风器、屋顶设备等所占面积。坡屋面可以按照水平投影面积乘以屋面坡度延尺系数或隅延尺系数计算工程量。

（7）刚性屋面工程量按照设计图示尺寸面积以平方米计算。不扣除凸出屋面的排气管及单个面积在 $0.3m^2$ 以内的通风道、孔洞、屋面小气窗等所占面积，坡屋面可以按照水平投影面积乘以屋面坡度延尺系数或隅延尺系数计算。

（8）种植屋面排水按照设计图示尺寸以铺设面积计算工程量。不扣除凸出屋面的排气管及单个面积在 $0.3m^2$ 以内的通风道、孔洞、屋面小气窗等所占面积，扣除水箱间、电梯井、天窗、屋顶通风器、屋顶设备等所占面积。

3.1.10.3　主要说明解释

不同直径的玻璃钢、UPVC雨水管执行 $\Phi100$ 雨水管定额，雨水管主材费可以换算，其他工料与机械不做调整。

3.1.11　保温、绝热、防腐、耐磨、屏蔽、隔声、抑尘工程

3.1.11.1　定额说明

（1）定额适用于建筑物、构筑物因使用要求对其构件或部件进行功能性处理的项目工程，与其他定额配套使用。

（2）定额中保温与隔热层材料当工程设计与定额不同时可以换算，其他工料与机械不做调整。

（3）预制板架空隔热定额中包括预制板制作、运输、安装及砖支墩的砌筑等工作内容。当工程设计的支墩、隔热板与定额不同时另行计算。

（4）绝热。

1）定额中只包括绝热材料的铺贴费用，不包括隔气、防潮、保护层、衬墙等费用，工程设计需要时执行相应定额。绝热材料不同时，主材可以换算，其他不变。

2）绝热定额综合考虑了不同的部位、不同的施工方法、不同的作业环境等因素，执行定额时不做调整。定额适用于地面、楼面、墙面、沟道、地坑、池井等各类平面与立面绝热工程。

3）绝热定额中包括在基层上先涂一遍热沥青工作内容。

（5）防腐。

1）防腐整体面层和块料面层定额综合考虑了不同的部位、不同的施工方法、不同的作业环境等因素，执行定额时不做调整。定额适用于地面、楼面、平台、墙面、墙裙、沟道、地坑、池井等各类平面与立面的防腐面层工程。

2）各种胶泥、砂浆、混凝土材料的制备以及整体面层的厚度，如工程设计与定额不同时，可以根据定额附录进行换算。各种块料面层的结合层（砂浆或胶泥）厚度，除定额规定允许调整外，其他一律不做调整。

3）石材面层以板材为准，如板底为毛面（非剁斧面）时，定额中水玻璃砂浆增加 $0.0038m^3$，耐酸沥青砂浆增加 $0.0044m^2$。定额中结合层厚度是按照15mm、板材厚度按照20mm编制，当工程设计与定额规定不同时可以调整结合层与板材的材料费，其他工料与机械不做调整。

4）涂布防腐定额中包括接缝、附加层、收头等工料，不另行计算。

5）铁屑砂浆、重晶石砂浆定额中不包括铺设钢板网，工程设计需要时，执行屏蔽定额。

6）屏蔽定额适用于建筑物、构筑物中不同部位的屏蔽项目工程。定额中包括屏蔽网铺设、附加层铺设、接缝、收头、封关等工作内容，不包括与电气间的连线、屏蔽检测费用。

7）隔声、抑尘。隔声装置安装定额包括隔声板、吸音板的购置、安装、测试等工作内容。不包括隔声板钢结构支（墙）架、基础、土方、砌体等工程，应根据工程设计执行相应的定额。隔声板安装所需的脚手架执行《电力建设工程预算定额（2018年版） 第一册 建筑工程》第15章相应的定额。

3.1.11.2 定额工程量计算规则

（1）屋面保温、隔热层工程量按照设计图示尺寸面积乘以平均厚度以立方米计算。扣除水箱间、电梯井、天窗、屋顶通风器、屋顶设备等所占体积，不扣除凸出屋面的排气管及单个面积在 $0.3m^2$ 以内的通风道、孔洞所占的体积。

（2）绝热工程量计算：

1）绝热根据材料种类按照设计图示尺寸成品体积以立方米计算工程量。扣除单个面积 $0.3m^2$ 以上孔洞、凸出绝热面的物体所占的体积。凸出绝热面的建筑部件需要做绝热时应按照其展开面积乘以厚度计算，并入绝热工程量内。

2）绝热层的厚度按照绝热体材料的设计成品净厚度（不包括胶结材料）尺寸计算。

（3）防腐工程量计算：

1）防腐根据材料种类及其厚度按照设计图示尺寸实铺面积以平方米计算工程量。扣除单个面积 $0.3m^2$ 以上孔洞、凸出防腐面的物体所占的面积。凸出防腐面的建筑部件需要做防腐时应按照其展开面积计算，并入防腐工程量内。

2）平面砌双层防腐块料时按照相应单层面积的2倍计算。

（4）耐磨工程量计算。耐磨工程量根据材料种类及其厚度按照设计图示尺寸实铺面积以平方米计算。扣除单个面积 $0.3m^2$ 以上孔洞、凸出耐磨面的物体所占的面积。

（5）屏蔽工程量计算：

1）地面屏蔽工程量按照主墙间净空面积计算。扣除凸出地面的构筑物、设备基础等所占的面积，不扣除间壁墙及单个面积 $0.3m^2$ 以内的柱、垛、附墙竖井、通风道、孔洞等所占面积。凸出地面的构筑物、设备基础等需要做屏蔽时按照其展开面积计算，并入屏蔽工程量内。

2）立面屏蔽工程量按照设计图示尺寸垂直投影面积以平方米计算。扣除门窗洞口及单个面积大于 $0.3m^2$ 孔洞所占面积，柱、梁、垛、附墙竖井、通风道、门窗洞口、孔洞四周按照展开面积计算，并入屏蔽工程量内。

3）屏蔽网附加层、接缝、收头、封关等不计算工程量。

（6）隔声、抑尘工程量计算：

1）隔声工程量按照设计图示尺寸外围面积以平方米计算。长度按照结构外边线长计算，高度从隔声板边框结构顶标高计算至隔声板边框结构底标高。

2）抑尘工程量按照设计图示尺寸外围面积以平方米计算。长度按照结构外边线长计算，高度从抑尘板边框结构顶标高计算至抑尘板边框结构底标高。

3.1.11.3　主要说明解释

定额是根据工艺要求，选择设计常用的保温、绝热、防腐、耐磨、屏蔽、隔声、抑尘等材料进行编制。工程实际应用的材料与定额不同时，可以换算。

3.1.12　装饰工程

3.1.12.1　定额说明

（1）定额以面层标准设置子目，定额中包括基层处理、打底抹灰、面层装饰等工作内容，除定额另有说明外，一律不做调整。

（2）定额不分内墙与外墙，按照装饰材质执行相应的定额。内外墙裙装饰按照墙面装饰定额执行，墙裙高度小于0.3m时执行踢脚线定额。

（3）石灰砂浆抹灰定额中不分级别，一律执行相关定额。天棚面抹灰综合考虑了现浇和预制顶棚的抹灰。

（4）柱面抹灰定额综合考虑了矩形、圆形、多边形、格构式柱抹灰，执行定额时不做调整。

（5）内墙及天棚喷刷乳胶漆、外墙喷刷氟碳漆、内墙及天棚刷氟碳漆、墙面真石漆包括批腻子执行定额时不做调整。其他涂料工程不包括批腻子，设计要求批腻子时，执行批腻子定额。

（6）块料面层种类与定额不同时可以换算主材费用，其他费用不变。石材面层指大理石、花岗岩等，实际采用不同材质按价差调整。

（7）镶贴块料是按规格考虑的，如需现场倒角、磨边的，按照所需磨边长度每米增加0.16工日，不包括开槽、开孔，发生时按照相应定额另行计算。

（8）油漆、镀锌。

1）木材面油漆定额按照油漆材质及木作构件类别进行编制，定额综合考虑了不同的施工方法与施工遍数，工程实际与定额不同时不做调整。

2）金属面油漆、抹灰面油漆定额按照油漆材质进行编制，定额综合考虑了不同的施工方法与施工遍数，工程实际与定额不同时不做调整。工程油漆干膜厚度超过定额干膜厚度 ±15%时，超出部分按照定额比例调整。

3）钢结构镀锌定额中包括除锈、双程运输等工作内容。当运输距离单程超过30km时，按照公路货运标准计算运输费用。

（9）钢结构喷砂除锈定额按照Sa2.5清洁度标准编制。工程采用Sa2清洁度标准时，定额乘以系数0.85；工程采用Sa3清洁度标准时，定额乘以系数1.15。

（10）金属面防火涂料喷涂定额是按照耐火极限1h、防火涂料厚度4mm编制，工程设计与定额不同时可以调整。按照每增减耐火极限0.5h、防火涂料厚度2mm，定额相应增减系数0.5。

（11）变电构支架金属面需要补漆时，按照相应定额乘以系数1.1。

（12）金属面919防腐油漆是按照工厂刷油考虑，当采用施工现场刷油时，按照相应定额乘以系数1.2。

（13）壁纸种类与定额不同时可以换算，其他费用不变；壁纸采用仿锦缎时，面料材料费乘以系数1.2。

（14）木饰面定额包括饰面材料的购置、下料、制作、安装、补漆、收口、嵌缝等工作内容。

（15）界面处理定额适用于不同部位、不同工序间接触面的特殊处理。定额中已包括正常界面处理费用，不再执行界面处理定额。当设计要求界面间采用界面剂处理或要求混凝土面凿毛时，方可执行界面处理定额。

3.1.12.2 定额工程量计算规则

（1）贴挂防开裂网按照实贴或实挂面积计算，扣除单个面积0.3m²以上孔洞所占面积。

（2）雨篷板、挑檐板、挑檐、阳台、天沟的底面按照水平投影面积计算工程量，有梁的将梁的侧面面积并入其中，执行天棚抹灰相应的定额。

（3）隔墙抹灰根据工程设计要求分别计算内、外两面工程量。工程量计算规则同隔墙。

（4）外墙面抹灰工程量计算：

1）栏板抹灰根据工程设计要求分别计算内、外两面工程量。根据抹灰面材质分别执行墙体装饰相应定额。

2）女儿墙内侧抹灰按照女儿墙内侧周长乘以抹灰高度以平方米计算，执行相应的墙体抹灰定额。女儿墙有压顶的抹灰高度计算至压顶底标高，女儿墙压顶按照零星项目抹灰单独计算工程量；女儿墙无压顶的抹灰高度计算至女儿墙顶加女儿墙宽度。

（5）零星项目抹灰工程量计算：

1）挑檐、天沟、腰线、雨篷、栏杆、门窗套、窗台线、压顶、扶手、水池、砖支墩等按照展开面积以平方米计算工程量。

2）计算展开面积时，不计算雨篷板、挑檐板、挑檐、阳台、天沟的底面工程量。

（6）块料面层工程量按照图纸尺寸的实贴（挂）面积以平方米计算，门窗洞口、孔洞等开口部分的侧面面积并入墙体装饰工程量内，不扣除门窗框厚度。

（7）独立的梁、柱面装饰工程量单独计算，执行相应的梁柱装饰定额；嵌入墙体中的混凝土过梁、圈梁、连梁、框架梁、构造柱、框架柱、排架柱、门框等混凝土构件不单独计算装饰面积，合并在墙体中，执行相应的墙装饰定额。

（8）油漆工程量计算：

1）当购置的成品门窗包括油漆费用时，不计算门窗油漆工程量。

2）当购置的成品金属结构包括油漆费用时，不计算金属结构除锈、油漆工程量。

3）施工现场加工金属结构需要镀锌时，按照其制作工程量计算镀锌费用，不计算金属结构除锈、油漆工程量。

4）施工现场加工金属结构需要现场冷镀锌时，按照其制作工程量计算除锈、冷镀锌费用，不计算金属结构油漆工程量。

5）购置的镀锌钢结构成品不计算金属结构除锈、油漆工程量。

（9）贴壁纸工程量计算规则同抹灰工程量计算规则，不计算接缝、收口、封边工程量。

（10）木饰面工程量按照图纸尺寸的实贴（铺）面积以平方米计算。门窗洞口、孔洞等开口部分的侧面面积并入饰面工程量内，不扣除门窗框厚度。

（11）界面处理工程量按照工程设计要求处理的面积以平方米计算工程量。

3.1.12.3 主要说明解释

（1）抹灰的厚度由不同层组成，不因各层的厚度、层数（或遍数）、施工方法而调整定额。

（2）楼梯段底抹灰执行天棚抹灰定额，包括了楼梯段侧面抹灰费用。

（3）零星项目刷涂料不单独设置定额子目，根据所在位置分别执行内外墙刷涂料定额。

（4）油漆定额按照干膜厚度进行编制，不考虑施工方法与施工遍数。工程设计干膜厚度超出定额标准 ±15% 部分按照定额比例调整。例如：钢结构工程设计要求刷氟碳漆干膜厚度 120 μm，定额刷氟碳漆干膜厚度 100 μm，定额调整增加 5%。

即：（120 μm–100 μm –100 μm × 15%）/100 μm=5%

（5）钢结构除锈根据结构的重要性及防腐标准，可以采用不同形式的除锈。采用喷砂除锈的钢结构是重要的构件或防腐标准要求较高的构件。定额是按照 Sa2.5 级清洁度标准编制喷砂除锈费用。

（6）金属面防火涂料喷涂定额是按照耐火极限编制的，根据不同的防火涂料性质，对应不同的耐火极限有相应喷涂厚度。

3.1.12.4　主要工程量计算规则解释

（1）楼梯段底抹灰工程量按照坡度天棚计量规则计算。即按照楼梯间净宽度（不扣除小于 300mm 楼梯井所占宽度）乘以楼梯段长度，再乘以坡度系数 1.5。楼梯段侧面抹灰不计算工程量。

（2）混凝土构件根据所处的位置，按照展开面积分别计算抹灰工程量。预制混凝土构件根据体积，按照《电力建设工程预算定额（2018年版）第一册　建筑工程（上册）》表 12–1 的要求折算刷涂料工程量，不考虑预制混凝土构件安装位置对折算面积的影响。预制混凝土构件是否需要刷涂料，应依据建筑设计的要求。

（3）木门窗及木作工程油漆工程量按照其制作或安装工程量乘以《电力建设工程预算定额（2018年版）第一册　建筑工程（上册）》表 12–2 中

相应系数计算工程量。

（4）钢结构除锈、刷油漆工程量是被除锈、被刷油漆的钢结构质量。考虑钢结构因钢材单位质量与表面积比值差异，计算工程量时需要调整《电力建设工程预算定额（2018年版） 第一册 建筑工程（上册）》表12-3中的计算系数。

3.1.13 构筑物工程

3.1.13.1 定额说明

（1）定额是按照构筑物项目进行子目划分与设置，与其他子目配套使用。

（2）钢筋混凝土管道。

1）定额适用于发电厂、换流站、变电站循环水管和补给水管以及排水管等工作压力在 $2kg/cm^2$ 以内的预应力钢筋混凝土管、钢筋混凝土管道、钢套筒混凝土管道安装工程。

2）定额中钢筋混凝土管道按照购置成品考虑，当工程现场制作管道时，其单价按照成品购置单价执行。

3）管道安装定额中，不包括土方、垫层、底板、支墩、垫块、弧形基础、包角、钢管弯头、钢管连接件等工作内容，发生时按照相应定额另行计算。

4）管道安装定额中，包括成品管道购置、管道连接、安装各阶段水压试验、管道消毒、管道场内运输等工作内容。

5）定额中包括管道场内运输、安装损耗费用。

6）定额中预应力钢筋混凝土管、钢筋混凝土管、钢套筒混凝土管安装是按照双排管敷设考虑，如工程采用单排管安装时，定额不做调整。

（3）高密度聚乙烯（high density polyethylene，HDPE）管道安装。

1）定额中管道按照购置成品考虑，包括成品管道购置、管道连接、安装各阶段水压试验、管道消毒、管道场内运输等工作内容。

2）管道安装定额中，不包括土方、垫层、底板、支墩、垫块、弧形基础、包角、管道弯头、连接件等工作内容。

3）定额中包括管道场内运输、安装损耗费用。

（4）室外混凝土沟道、井池。

1）定额适用于室外钢筋混凝土单孔、多孔的地下沟道、隧道工程；适用于室外钢筋混凝土封闭、敞口的地下水池、油池、井等工程。

2）定额中不包括土方、伸缩缝、脚手架、垂直运输工作内容，应按照相应的定额规定另行计算。

（5）变、配电构支架。

1）定额适用于35~1000kV变电站、开关站、换流站的离心杆、型钢、钢管、格构式钢管构支架的安装工程。

2）定额是按照构支架材质、安装高度、综合不同电压等级编制的。定额中包括构支架场内运输、安装损耗费用。

3）构架、支架、钢梁、附件、避雷针塔安装均包括成品购置、现场拼装、组装、吊装、补漆、脚手架按拆等工作内容。

4）变、配电构支架附件包括爬梯、地线柱（地线支架）、走道板、避雷针架、连接设备支架间型钢（支架梁）。离心杆构支架中的柱头铁件、组成A形构架的连接件、组成带端撑A形构架的连接件不属于变、配电构支架附件，其费用综合在离心杆构支架安装定额中，不单独计算。

5）变、配电构支架组装、安装定额综合考虑了螺栓连接与焊接，工程实际与定额不同时，不做调整。定额中的螺栓是按照普通螺栓考虑的，当设计采用高强螺栓连接时，可以调整螺栓单价。

6）构件组装、拼装、吊装所需加固、垫用的木材、木楔等已综合考虑在板方材用量内。

7）变、配电构架安装定额中不含二次浇灌内容，需要时执行相应定额。钢管端部灌混凝土执行《电力建设工程预算定额（2018年版） 第一册　建筑工程》第5章二次灌浆定额。

8）现场制作避雷针塔定额中包括制作、除锈、刷防锈漆、刷防腐漆、安装等工作内容。

（6）道路与场地地坪。

1）定额适用于厂区、厂外小区、站区围墙内的道路与场地地坪工程。

2）路床土方定额中包括路基土方开挖、基底碾压、路床试验、土方运输等工作内容，土方开挖不分人工与机械施工，均执行此定额。

3）面层定额综合考虑了前台的运输工具及有筋、无筋等不同情况时的工效。

4）路面如设有钢筋、铁件时，应执行《电力建设工程预算定额（2018年版） 第一册　建筑工程》第5章相应的定额子目单独计算其费用。

（7）围墙、围墙大门。

1）定额适用于厂区、站区内外的围墙与围墙大门工程。

2）钢围栅定额按照现场制作考虑；其他钢结构围栅、围栏按照购置成品安装考虑，定额中包括成品购置费。

3）钢格栅大门的制作、安装参照钢围栅定额执行。

4）不锈钢大门按照购置成品安装考虑，定额中包括成品购置费。

5）电动推拉门安装参照不锈钢大门定额执行，不包括电动装置，电动装置按设备费另行计算。

6）电动门电动装置安装定额中包括购置电动装置的设备费、材料费及安装费。

7）土方、基础、墙体、柱、抹灰、油漆等应执行相应的定额。

3.1.13.2　定额工程量计算规则

（1）钢筋混凝土中钢筋、铁件工程量计算规则同《电力建设工程预算定额（2018年版） 第一册　建筑工程》第5章中的有关钢筋、铁件工程量计算规定；钢结构工程量（围墙、围墙大门除外）计算规则同《电力建设工程预算定额（2018年版） 第一册 建筑工程》第6章中的有关钢结构工程量计算规定。

（2）室外混凝土沟道、井池。

1）室外混凝土沟道、井池混凝土体积按照图示尺寸以立方米计算，不扣除钢筋、铁件和螺栓所占体积，扣除单个面积 $0.3m^2$ 以上洞孔所占体积。

2）室外混凝土沟道、井池底板与侧壁以底板顶标高分界，底板与侧壁交叉处"三角形"体积并入侧壁中；顶板与侧壁以顶板底标高分界，顶板与侧壁交叉处"三角形"体积并入侧壁中。

3）室外混凝土沟道、井池内混凝土隔墙体积并入混凝土侧壁内；混凝土柱体积单独计算，柱高从底板顶标高计算至顶板底标高，执行《电力建设工程预算定额（2018年版） 第一册 建筑工程》第5章相应定额 。

4）室外混凝土沟道、井池内砌体墙或柱体积单独计算，执行第4章相应定额。

（3）变、配电构支架。

1）构架、支架、钢梁、附件应根据安装高度分别计算工程量。

2）离心杆构支架按照安装后成品外轮廓体积以立方米计算工程量，离心杆长度包括插入基础部分长度。

3）钢结构构支架按照安装后成品质量以吨计算工程量。

4）避雷针塔按照安装后成品质量以吨计算工程量。避雷针根据设计图纸划分单独计算工程量，执行相应的定额。

（4）道路与场地地坪。

1）路床土方按照图示尺寸以自然方体积计算工程量，开挖起点为室外设计整平标高。不计算放坡、工作面、超挖的土方体积。

2）计算道路、地坪工程量时，不扣除路面上的雨水井、给排水井、消火栓井等所占面积，道路由此增加的工料不另计，路面上各种井按照相应定额另行计算费用。

3）道路基层、底层、面层按照图示尺寸以体积计算工程量。

4）路面不含钢筋、铁件，如设有钢筋、铁件时，应执行《电力建设工程预算定额（2018年版） 第一册 建筑工程》第5章相应定额子目单独计算其费用。

5）水泥稳定土基层、水泥稳定碎石基层按照图示尺寸以体积计算工程量。

6）土工格栅按照设计图示尺寸以面积计算工程量。

7）块料地坪、硬化地坪按照图示尺寸以面积计算工程量。

8）路缘石、伸缩缝、切缝按照图示尺寸以延长米计算工程量。

9）路面锯纹按照图示尺寸以平方米计算工程量。

（5）围墙、围墙大门。

1）钢围栅、铁丝网围栅、铁艺围栅按照图示外轮廓尺寸以平方米计算工程量。

2）钢管框铁丝网大门、钢格栅大门、不锈钢大门按照图示外轮廓尺寸以平方米计算工程量。

3）角铁柱铁刺网按照面积计算工程量。长度按照挂铁刺网围墙中心线长计算，扣除大门、边门及大门柱所占长度；高度从围墙顶计算至角钢柱顶。

4）围墙电动伸缩门按照面积计算工程量。长度按照大门柱间净长计算。

3.1.13.3 主要说明解释

（1）构支架安装定额中包括了主材费用，安装的计量单位改成构支架的体积或质量，不再考虑构支架的组成形式。

（2）管道建筑执行《电力建设工程预算定额（2018年版） 第一册 建筑工程》中相应的土方、基础、砂垫层等定额。

（3）围墙、围墙大门材质和规格与定额不同时，可以换算主材费，其他工料与机械不做调整。

（4）水泥稳定土基层水泥含量按照5%考虑，水泥含量超过5%，水泥含量每增加1%，水泥消耗量增加0.004t/m²，普通工增加0.0047工日/m³，技术工增加0.0047工日/m³，其他不变。

3.1.14 灰场工程

主要工程量计算规则解释

（1）灰坝工程量按照设计成品方计算。设计成品方是指按照设计几何尺寸计算的工程量，不考虑土石方量在施工过程中的可松性系数。可松性系数在定额考虑。

（2）定额综合考虑了不同材料形成坝体的可松性系数，同一材质的压实系数按照规范要求综合考虑，执行定额时不得因压实系数而调整。

3.1.15 措施项目

3.1.15.1 定额说明

（1）施工降水定额考虑了泵类明排、轻型井点、喷射井点、大口径井点四类降排水施工方法。大口径井点降水不论采取何种井管类型均不调整，井点范围外的排水沟渠或排水管道应另行计算。

（2）打措施桩定额，当钢板桩、钢管桩重复利用时，每打入一次按照20%桩消耗量计算。定额综合考虑了桩维修、桩占用时间，执行定额时不做调整。

（3）脚手架工程。

1）定额综合脚手架、单项脚手架是按照钢管材质编制的，工程采用其他材质时不做调整。

2）脚手架定额中包括上料平台、斜道、上料口、防护栏杆、尼龙编织布等安装与拆除。

3）综合脚手架定额适用于能够计算建筑体积的建筑物与构筑物工程。凡按照《电力建设工程预算定额（2018年版）第一册 建筑工程（上册）》附录B的规定，计算建筑体积的建筑工程，均执行综合脚手架定额。不适用于执行综合脚手架定额的构筑物工程，执行单项脚手架相应定额。

4）综合脚手架定额综合了施工过程中各分部分项工程应搭设脚手架的全部因素。除室内高度大于3.6m天棚吊顶应单独计算满堂脚手架外，执行综合脚手架定额的工程，不再计算其他单项脚手架。

5）综合脚手架定额综合考虑了结构的层高因素，使用时不做调整。

6）综合脚手架的建筑高度是指建筑物或构筑物的室外地坪至主体建筑屋面顶面高度。突出主体建筑屋顶的电梯间、楼梯间、水箱间、提物间、通风间等的建筑面积大于主体屋顶面积1/3时计算建筑高度，小于1/3时不计算建筑高度，突出屋面顶面的隔热架空层、天窗及支架、通风设备及支架、排气管、挡风架、装饰灯架、电气与通信设备与天线架或塔等不计算高度。建筑物、构筑物的建筑高度根据建筑特点分别确定：

a.设有檐口板时，建筑高度计算至檐口板顶标高。设有挑檐时，建筑高度计算至挑檐反檐板顶标高。设有女儿墙时，建筑高度计算至女儿墙顶标高。坡屋面建筑，建筑高度计算至屋脊顶标高。

b.前后檐高不同时，以高者为准。

c.裙房建筑、高低跨联合建筑分别计算高度。

d.墙板、幕墙封檐建筑，建筑高度计算至墙板、幕墙封檐顶标高。

7）砌筑高度大于1.2m小于3.6m的围墙、挡土墙、防火墙、挡煤墙、柱、支架、支墩、突出室外地坪的室外独立设备基础、突出室外地坪的室外沟道、突出室外地坪的室外池井等执行里脚手架；砌筑高度大于3.6m的围墙、挡土墙、防火墙、挡煤墙、柱、支架、突出室外地坪的室外沟道、突出室外地坪的室外池井等执行单排外脚手架。围墙、挡土墙、防火墙、挡煤墙等双面抹灰时，增加一面脚手架。

8）浇制混凝土高度大于 1.2m 小于 3.6m 的围墙、挡土墙、防火墙、柱、支架、突出室外地坪的室外独立设备基础、突出室外地坪的室外沟道、突出室外地坪的室外池井等执行单排外脚手架；浇制混凝土高度大于 3.6m 的围墙、挡土墙、防火墙、挡煤墙、柱、支架等执行双排外脚手架。围墙、挡土墙、防火墙等双面抹灰时，增加一面脚手架。

9）埋置深度大于 1.5m 小于 3m 的现浇混凝土结构室外沟道、室外设备基础、室外池井、变配电构支架基础、室外独立基础、室外条形基础、室外筏形基础等执行满堂脚手架；埋置深度大于 3m 时，执行双排外脚手架。

10）埋置深度大于 15m 小于 3m 的砌体结构室外沟道、室外设备基础、室外池井、变配电构支架基础、室外独立基础、室外条形基础等执行满堂脚手架；埋置深度大于 3m 时，执行单排外脚手架。

11）室内高度大于 3.6m 小于 5.2m 的天棚吊顶应计算满堂脚手架，室内高度大于 5.2m 时，天棚吊顶应计算满堂脚手架增加层。

12）室外混凝土管道埋深大于 2m 时计算里脚手架。

（4）垂直运输与超高工程。

1）垂直运输与超高定额把建筑物、构筑物分为混合结构、排架结构、框架结构、钢结构、混凝土构筑物、单体结构，分别制定超高与垂直运输费用标准。

2）垂直运输与超高定额适用于建筑高度大于 3.6m 的建筑物、构筑物垂直运输，适用于建筑高度大于 20m 超高降效工程。

3）垂直运输的工作内容，包括单位工程在合理工期内完成全部工程项目所需的垂直运输。垂直运输机械布置及采取的措施在定额中已经综合考虑，工程实际与其不同时，不做调整。

4）超高费包括由于建筑高度的增加产生的人工费、机械降效费、垂直运输影响费、超高增加施工措施费等。

5）能够计算建筑体积的建筑垂直运输费用，根据建筑结构和建筑高度以建筑体积为计量单位计算其费用；不能够计算建筑体积的建筑垂直运输费用，根据建筑结构和建筑高度以构筑物实体工程量为计量单位计算其费用。

6）建筑高度的计算同脚手架工程中的建筑高度计算。

7）同一建筑多种结构，按照不同结构分别计算建筑体积。

8）同一建筑高度不同，按照不同高度分别计算建筑体积。

9）超高费以单位工程定额人工费、机械费为基数采用费率方式计算，人工费、机械费包括零米以下工程、脚手架工程、垂直运输工程、水平运输工程中的人工费与机械费，超高费费率见《电力建设工程预算定额（2018年版）第一册 建筑工程（上册）》表15–1。增加的超高费用构成相应定额的人工工日与机械台班消耗。

3.1.15.2 定额工程量计算规则

（1）施工降水、排水运行按照使用"套/天"计算工程量，使用"套/天"从降水、排水系统运行之日起至降水、排水系统结束之日止。

1）基坑明排水降水系统每套由排水泵、基坑排水管、排水辅助设施组成，计算套数时按照运行的排水泵台数计算，每台运行的排水泵计算一套，备用排水泵不计算运行工程量。

2）轻型井点降水系统每套由排水泵房、排水泵、水平管网、弯联管、井点管、滤管、排水辅助设施组成。轻型井点50根为一套，井管根数根据施工组织设计确定，施工组织设计无规定时，按照1.4m/根计算。

3）喷射井点降水系统每套由排水泵房、排水泵、喷射井管、高压水泵、排水管路、排水辅助设施组成。喷射井点30根为一套，井管根数根据施工组织设计确定，施工组织设计无规定时，按照2.5m/根计算。

4）大口径井点降水系统每套由排水泵房、排水泵、井点管、沉砂管、滤网、吸水器、缓冲水箱、排水辅助设施组成。大口径井点1根为一套，井管根数根据施工组织设计确定。

（2）打拔钢板桩、打拔钢管桩按照桩材质量以吨计算。YT15–26~YT15–33定额子目主要适用于直径较小、用于支护的钢管桩项目。

（3）围堰按照设计或批准的施工组织设计规定的成品方体积计算工程量。

（4）脚手架工程。

1）综合脚手架按照建筑物、构筑物的建筑体积以立方米计算工程量。建筑体积计算规则执行《电力建设工程预算定额（2018年版） 第一册 建筑工程（上册）》附录B的规定。

2）单项脚手架。

a.基础、沟道、池井等搭拆满堂脚手架按照基础或底板水平投影面积1/2计算。

b.深基础、沟道、池井等搭拆单排或双排外脚手架时，按照基础或底板周长乘以埋深计算垂直投影面积。

c.天棚吊顶高度大于3.6m小于5.2m时搭拆满堂脚手架基本层，高度超过5.2m时每增加1.2m计算一个增加层，增加高度在0.6m以内，不计算增加层，增加高度大于0.6m计算一个增加层。

d.围墙脚手架的高度按照设计室外地坪计算至围墙顶，长度按照围墙中心线长度计算，不扣除大门与边门面积，墙柱和独立门柱的脚手架不单独计算。围墙上安装的铁刺网不计算高度。

（5）垂直运输与超高工程。

1）垂直运输按照建筑物、构筑物的建筑体积以立方米计算工程量，建筑体积计算规则执行《电力建设工程预算定额（2018年版） 第一册 建筑工程（上册）》附录B的规定。

2）不能够计算建筑体积的构筑物以构筑物实体工程量计算垂直运输工程量。实体工程量计算规则执行《电力建设工程预算定额（2018年版） 第一册　建筑工程》相应章节工程量计算规则。

3）深度大于4m沟道、池井垂直运输工程量按照其结构外围轮廓体积计算。集水坑、人孔计算轮廓体积并入工程量中；垫层、外护壁、覆盖层不计算工程量。

3.1.15.3　主要说明解释

（1）大口径井点降水系统定额适用于直径400～600mm管井降水工程。当管井直径小于400mm时，执行大口径井点降水系统定额乘以0.65系数。深井降水一般是指降水深度大于15m时的管井降水，深井降水执行大口径井点降水系统定额。

（2）脚手架工程。

1）工程需要搭拆满堂承重脚手架时，执行满堂脚手架定额乘以系数2.65。

2）超高、超深、超重现浇混凝土构件所搭拆的承重脚手架不单独计算费用。

（3）垂直运输与超高工程。

1）垂直运输费用与《电力建设工程预算定额（2018年版） 第一册　建筑工程》各章所含的垂直运输费用不重复。垂直运输费用包括人工费、材料费、机械费。机械消耗量综合考虑施工力能，是满足合理施工组织条件下，完成垂直运输工序所需要的消耗水平。在一定条件下表示的是"当量"，工程实际与定额不同时，不做调整。

2）超高费是补偿建筑高度大于20m时，不同高度人工与机械施工降效的费用。计算费用的基数是单位工程人工费与机械费。只有建筑高度大于20m的单位工程，方可计算建筑超高费。建筑物垂直运输按照建筑物建筑高度20m以下、地下深度10m以内考虑，工程实际超过时，计算建筑物超高（深）增加费。

3.1.16　给水与排水工程

3.1.16.1　定额说明

（1）定额适用于室内外生活给水、排水、雨水、采暖热源管道、法兰、套管、伸缩器等的安装。

（2）塑料管安装适用于 UPVC、PVC、PP-C、PP-R、PE、PB 管等塑料管安装，上述不同材质的管道均套用塑料管定额子目，实际单价不同时，材料单价可按价差处理。

（3）给水、排水系统不计算调试费。

（4）定额中包括被安装的主要材料，管道、阀门、法兰、洁具等材料费，不包括电热水器、电开水炉、太阳能热水器、烘手机、饮水机等建筑设备费。

（5）定额的钢管适用于常规水消防。《电力建设工程预算定额（2018年版） 第一册　建筑工程》第18章消防工程水灭火系统中管道安装也适用。

（6）刚性穿墙套管和柔性穿墙套管安装项目中，包括防水套管，配合预留孔洞及浇混凝土工作内容。

（7）套管安装项目已包含制作、堵洞工作内容。

（8）套管内填料按油麻编制，如与设计不符时，可按工程要求调整换算调料。

3.1.16.2　定额工程量计算规则

（1）阀门、法兰、水表、减压器、疏水器按照设计图示个数计算工程量，不计算随设备、卫生器具成套供货安装的阀门、法兰、水表、减压器、疏水器数量。

（2）支架制作与安装按照设计成品质量以千克为单位计算工程量，计算支架生根部分、连接件、螺栓质量。

（3）电热水器、电开水炉、太阳能热水器、烘手机、饮水机安装按照台计算工程量。

（4）刚性、柔性套管，按管道直径，分规格以米为计量单位。

3.1.17 照明与防雷接地工程

3.1.17.1 定额说明

（1）定额适用于建筑物、构筑物 220V 及以下照明、插座、开关、低压用电设备及防雷接地安装工程。

（2）灯具、开关、插座、按钮等预留线，分别综合在相应项目内，不另行计算。

（3）吊顶安装筒灯、嵌入式灯具等开孔费用，包括在《电力建设工程预算定额（2018年版）第一册 建筑工程》第7章天棚吊顶面板中。

（4）吊风扇、壁扇、轴流排气扇按照设备考虑。

（5）照明配电箱、配电盘、配电柜按照设备考虑。

（6）照明系统计算调试费，每个照明回路调试的元器件配置与定额不同时不做调整。

（7）接地系统调试费按照接地安装工程人工费10%计算

其中：人工费：40%、材料费20%、机械费40%。

（8）定额中包括被安装的主要材料，电线管、电线、灯具、开关、插座、门铃、接地极、屏蔽网等材料费，不包括照明配电箱（盘、柜）、低压用电设备等设备费。

3.1.17.2 定额工程量计算规则

（1）各种配管应区别不同敷设方式、敷设位置、管材材质及规格以延长米为单位计算工程量，不扣除管路中间的接线箱（盒）、灯头盒、开关盒所占长度。

（2）管内穿线应区别导线材质、截面以单线延长米为单位计算工程量。线路分支接头线的长度综合在定额中，不另行计算。

（3）照明系统调试费按照单位工程计算，每个单位工程计算一个系统工程量。

（4）接地极制作安装根据材质与土质，按照设计图示安装数量以根为计量单位计算工程量。

（5）避雷网、接地母线敷设按照设计图示敷设数量以延长米为计量单位计算工程量。计算长度时，按照设计图示水平和垂直规定长度3.9%计算附加长度（包括转弯、上下波动、避绕障碍物、搭接头等长度），当设计有规定时，按照设计规定计算。

（6）接地跨接线安装根据跨接线位置，结合相关规程规定，按照设计图示跨接数量以处为计量单位计算工程量。户外配电装置构架按照设计要求需要接地时，每组构架计算一处；钢窗、铝合金窗按照设计要求需要接地时，每一樘金属窗计算一处。

（7）屏蔽接地按照设计屏蔽区域，以面积为计量单位计算工程量。交叉、接头重复部分不计算工程量，墙、柱、地面、梁、门窗洞口均按照展开面积计算工程量。

（8）接地极钻孔按设计要求或实际钻孔计算岩层深度以延长米计算。

（9）接地母线埋地敷设（铜包钢）定额内包括敷设安装费，不包括铜包钢主材费，主材费单独计算，其他不变。

3.1.17.3 主要说明解释

（1）照明系统按照单位工程计算调试费，不再区别照明回路数、每个照明回路中元器件配置。照明系统调试包括220V及以下照明、插座、开关调试。

（2）建筑安装照明与电气厂（站）用电以电压等级划分。房屋内220V

以下的开关、插座、低压电气设备与装置等接线工程执行《电力建设工程预算定额（2018年版） 第一册 建筑工程》的定额，其费用列入建筑工程费；380V及以上的开关、插座、电气设备与装置等接线工程执行《电力建设工程预算定额（2018年版） 第三册 电气设备安装工程》电气设备安装定额，其费用列入安装工程费。

（3）建筑物、构筑物防雷接地工程执行《电力建设工程预算定额（2018年版） 第一册 建筑工程》的定额，其费用列入建筑工程费；设备与装置接地、全厂（站）接地工程等执行《电力建设工程预算定额（2018年版） 第三册 电气设备安装工程》电气安装设备安装定额，其费用列入安装工程费。

（4）利用建筑物、构筑物钢筋作为引下线、均压环时，其钢筋不单独计算费用。

（5）建筑物、构筑物单位工程计算防雷接地系统测试费。

3.1.17.4 主要工程量计算规则解释

若干个单位工程组成联合建筑的照明系统，按照组成单位工程数量计算照明系统数量。

3.1.18 消防工程

3.1.18.1 定额说明

（1）管道支吊架制作与安装定额综合考虑了支架、吊架及防晃支架等不同结构形式的支吊架。

（2）水灭火系统管道执行《电力建设工程预算定额（2018年版） 第一册 建筑工程》第16章给水与排水工程定额子目。

（3）火灾自动报警系统定额包括探测器、模块（接口）、报警控制器、联动控制器、报警联动一体机、重复显示器、报警装置、远程控制器、火灾事故广播、消防通信、报警备用电源等设备安装。

1）定额包括以下工作内容：设备和元件的搬运、开箱、检查、清点、杂物回收、安装就位、接地、密封箱、机内的校线、接线、挂锡、编码、测试、本体调试、清洗、记录整理等。

2）定额不包括以下工作内容：设备支架、底座、基础的制作安装，构件加工、制作，电机检查、接线及调试，事故照明及疏散指示控制装置安装，GRT彩色显示器安装。

（4）消防系统调试费按照消防安装工程人工费18%计算，其中：人工费55%、材料费20%、机械费25%。

（5）定额中包括被安装的主要材料、水灭火装置（消火栓、水泵接合器、自动喷淋水管网）、气体灭火管道、系统组件（喷头、阀门）、消防线缆、消防线缆桥架等材料费，不包括隔膜式气压水罐、气体贮存装置、二氧化碳称重捡漏装置、泡沫发生器、比例混合器、火灾探测装置、模块（接口）、火灾报警装置、消防广播、消防交换机、消防备用电源等设备费。

3.1.18.2 定额工程量计算规则

（1）火灾自动报警系统工程量计算：

1）点型探测器按照线制的不同分为多线制与总线制两种，不分规格、型号、安装方式与位置以只为单位计算工程量。探测器安装包括了探头和底座的安装及本体调试。

2）红外线探测器以只为单位计算工程量。红外线探测器是成对使用，在计算时一对为两只。项目中包括了探头支架安装和探测器的调试、对中。

3）火焰探测器、可燃气体探测器按照线制的不同分为多线制与总线制两种，不分规格、型号、安装方式与位置以只为单位计算工程量。

4）线型探测器不分线制及保护形式以米为单位计算工程量。

5）模块（接口）是指仅能起控制作用的模块（接口），也称为中继器。依据其给出控制信号的数量，分为单输出和多输出两种形式。不分安装方

137

式按照输出数量以只为单位计算工程量。

6）报警控制器、联动控制器、报警联动一体机按照线制的不同分为多线制与总线制两种，按照点数的不同划分项目以台为单位计算工程量。

7）重复显示器（楼层显示器）不分规格、型号、安装方式按照线制划分以台为单位计算工程量。

8）报警装置以只为单位计算工程量。

9）远程控制器按照其控制回路数以台为单位计算工程量。

（2）消防线缆桥架安装工程量分材质按照长度以米计算，消防线缆支架、托架、吊架安装工程量按照质量以千克计算。

3.1.18.3　主要说明解释

（1）工程消防电源独立设置时执行配管、配线定额，消防电源与照明电源合用时，配管、配线执行《电力建设工程预算定额（2018年版）　第一册　建筑工程》第17章相应定额。

（2）工程消防水源独立设置时执行水灭火系统定额，消防水源与生活水源合用时，水灭火系统管道、系统组件等安装执行《电力建设工程预算定额（2018年版）　第一册　建筑工程》第16章相应定额。

（3）工程消防线缆桥架、支架独立设置时执行线缆桥架、支架定额，消防线缆桥架、支架与电气、控制、通信桥架、支架合用时，消防线缆桥架、支架安装执行《电力建设工程预算定额（2018年版）　第三册　电气设备安装工程》定额，其费用列入电气安装工程费。

3.1.18.4　主要工程量计算规则解释

工程消防线缆桥架安装分材质、不分宽度与高度按照长度计算工程量。

3.1.19　通风与空调、除尘工程

3.1.19.1　定额说明

（1）通风空调工程。

1）定额中包括被安装的主要材料、风道、风管、风阀、风口、风帽等材料费，不包括通风、空调等设备费。

2）通风与空调系统调试费按照通风与空调安装工程人工费13%计算，其中：人工费55%、材料费20%、机械费25%。

3）定额中成品百叶窗的是按铝合金材质考虑，材质不同时可以替换。

（2）除尘工程。

1）定额包括开箱检查设备附件与底座螺栓孔、吊装、找平、找正、灌浆、螺栓固定、安装爬梯、单体调试等工作内容。

2）除尘系统不计算系统调试费。

3.1.19.2　定额工程量计算规则

（1）通风空调工程。

1）薄钢板风管单面除锈、刷油漆工程量同薄钢板风管制作安装工程量；薄钢板风管双面除锈、刷油漆工程量按照薄钢板风管制作安装工程量乘以系数2.0。

2）单独钢支架的除锈、刷油漆工程量同独立钢支架制作安装工程量。

（2）除尘工程。除尘装置按照设备质量以台为单位计算工程量。

3.1.19.3　主要说明解释

除尘设备一般为单台运行，所以不计算系统调试费。

3.1.20　采暖工程

3.1.20.1　定额工程量计算规则

散热器安装工程量计算：

（1）铸铁散热器安装工程量分散热器型号按照个数以片为单位计算。

（2）光排管散热器安装工程量分排管直径按照单根管道长度以米为单

位计算。

（3）钢制闭式散热器安装工程量分规格按照个数以片为单位计算。

（4）钢柱式散热器安装工程量按照个数以组为单位计算，每10片为一组。一组片数大于或小于10片时，按照每增减1片定额执行。

（5）板式散热器安装工程量分散热器型号按照个数以组为单位计算。

（6）装饰散热器安装工程量按照个数以组为单位计算。

（7）金属复合散热器安装工程量分半周长按照个数以组为单位计算。

3.1.20.2　主要说明解释

（1）采暖系统调试费按照采暖安装工程人工费15%计算，其中：人工费50%、材料费30%、机械费20%。

（2）采暖安装工程人工工日数应包括执行《电力建设工程预算定额（2018年版）　第一册　建筑工程》其他章节定额计算采暖安装费用的人工数量。

3.1.21　防腐与绝热工程

定额工程量计算规则：绝热根据材质按照设计成品厚度以立方米为单位计算工程量。绝热罩壳计算工程量，并入相应的工程量内。

3.2　变电安装工程

3.2.1　电气设备

3.2.1.1　变压器

变压器是利用电磁感应作用改变交流电压、电流和复阻抗的一种电气设备，通常包含两个静止的线圈（绕组），也有含有多个线圈的变压器。变压器由铁芯（或磁芯）和线圈组成，线圈有两个或两个以上的绕组，其中接电源的线圈叫做一次侧（初级）绕组，接负载的线圈叫做二次侧（次级）绕组。当一次侧绕组中通有交流电流时，铁芯（或磁芯）中便产生交流磁通，使一次侧绕组中感应出电压（或电流），变压器通过交变磁场把电源输出的能量传送到负载中。变压器在电路中，常用作升降电压、匹配阻抗、安全隔离等。考虑到减小损耗、保证电能质量、提高运行经济性等因素，利用升压变压器将电能升高电压进行远距离输送；利用降压变压器把电压降低，以供给电户使用，并满足电网的安全经济运行。

3.2.1.2 电抗器

电抗器是电感元件，在电力系统中最主要的两个用途是限流和无功补偿。电力系统中所采取的电抗器，常见的有串联电抗器和并联电抗器。

串联电抗器主要用来限制短路电流，也有在滤波器中与电容器串联或并联用来限制电网中的高次谐波。

并联电抗器用来吸收电网中的容性无功，如500kV电网中的高压电抗器、500kV变电站中的低压电抗器，都是用来吸收线路充电电容无功的；220、110、35、10kV电网中的电抗器是用来吸收电缆线路的充电容性无功的。可以通过调整并联电抗器的数量来调整运行电压。

3.2.1.3 消弧线圈

消弧线圈也是电感元件，它起的作用是限制或补偿中性点非直接接地系统发生单相接地时产生的电容电流。消弧线圈是一个带铁芯的电抗线圈。正常运行时，由于中性点对地电压为零，消弧线圈上无电流。单相接地故障后，接地点与消弧线圈的接地点形成短路电流。中性点电压升高为相电压，作用在消弧线圈上，将产生感性电流，在接地故障处，该电感电流与接地故障点处的电容电流相抵消，从而减少了接地点的电流，使电弧易于自行熄灭，提高了用电可靠性。

3.2.1.4 断路器

高压断路器是主要的电力控制设备，它具有完善的灭弧装置。正常运行时，可用来切换运行方式、接通和开断负荷电流，起着控制作用；故障或事故时，用来切断短路电流，切除故障电路。

断路器最主要特点是具有断开电路中正常负荷电流和故障短路电流的能力，它有专门的灭弧装置，使开断时形成电弧迅速熄灭。

高压断路器一般由动触头、静触头、灭弧室、操动机构、绝缘支柱等部件组成。

（1）真空断路器。真空断路器是以真空作为灭弧介质和绝缘介质的。由于这种断路器在灭弧过程中没有气体的冲击，故在关合或断开时，对断路器杆件的振动较小，可频繁操作。真空断路器还具有灭弧速度快、触头不易氧化、体积小、寿命长等优点。真空断路器多用于35、10kV的配电装置（如ZN25-10/1250-31.5）。

（2）油断路器。利用具有较高介质强度的矿物油作为灭弧和绝缘介质的断路器称为油断路器。当断路器的动触头和静触头互相分离的时候产生电弧，电弧高温使其附近的绝缘油蒸发气化和发生热分解，形成灭弧能力很强的气体和压力较高的气泡，使电弧很快熄灭。油断路器应用于电力系统中较早，技术已经十分成熟，价格比较便宜。

油断路器分为多油断路器和少油断路器两种。

多油断路器的用油量大、体积大、检修维护工作量也大，但运行方便。多用在35kV户外（如DW8-35W/600A），少量用于户内配电装置，目前也很少生产使用。

少油断路器相对多油式具有体积小、质量轻、用油量少、检修方便、火灾危险性小等特点。广泛用于户外110、220kV配电装置中（如SW4-

110W/1000A 18.4kA）。

（3）六氟化疏（SF_6）断路器。SF_6断路器是以SF_6气体作为灭弧介质的，因此，这种断路器具有油断路器、压缩空气断路器不可比拟的灭弧能力。由于SF_6断路器具有优异的灭弧能力，所以其燃弧时间很短，触头烧损轻微，触头能在比较高的温度下运行而不劣化。

此外，由于SF_6气体具有优越的绝缘特性，因此，其开断能力大，电气绝缘距离可以大幅度下降。而且SF_6断路器是完全封闭的，与大气隔绝，故其特别适用于有爆炸性危险的场合。SF_6断路器的缺点是结构比较复杂、要求较高的密封性能、价格较贵。

落地罐式六氟化硫断路器在结构上有别于一般的六氟化硫断路器，它具有重心低，抗震性能好的特点。

（4）隔离式断路器。隔离式断路器是可实现隔离开关、互感器、断路器的一体化制造的装置，通过一、二次设备高度集成，实现功能组合，节省土地和投资。隔离断路器将开关与隔离功能组合在一个装置中，减少了变电站的占地面积，提高了利用率。

（5）出口断路器。出口断路器的作用是发电机和电网之间的一个可以控制的断开点，隔离发电机故障，发电机并网运行的操作。

（6）全封闭组合电器（GIS）。GIS设备由断路器、隔离开关、母线、电压互感器、电流互感器、进出线套管等电器元件组合而成。GIS设备的所有带电部分都被金属外壳所包围，它是用铝合金、不锈钢、无磁铸钢等材料组成。外壳用铜母线接地，内部充有一定压力的SF_6气体作为绝缘介质。

GIS设备与其他开关设备比较具有如下一些优越性：开断能力好、高度的绝缘可靠性、运行安全可靠、维护工作量少、检修周期长、施工工期短、没有无线电干扰和噪声干扰。

（7）复合式组合电器（HGIS）。HGIS是介于全封闭组合电器（GIS）和常规敞开式开关设备（AIS）之间的具有两者优点的组合高压电器。它采用了GIS主要设备，但不含母线，是结合敞开式开关设备布置出的混合型GIS产品。HGIS是将GIS形式的断路器、隔离开关、接地开关、快速接地开关、电流互感器等元件分相组合在金属壳体内，由出线套管通过软导线连接敞开式电压互感器、避雷器，布置而成的混合型装置。

HGIS优点是母线不装于SF_6气室，是外露的，因而接线清晰、简洁、紧凑，安装及维护检修方便，运行可靠性高，设备价格比GIS便宜得多，但占地面积很大而且带电部分外露较多，限制了它在电站面积狭小、环境条件恶劣的地方使用。

（8）敞开式空气外绝缘SF_6高压组合电器（PASS）。PASS是HGIS设备中的一种，在PASS中，除母线之外的所有带电部件，都封装在一个接地的充有SF_6气体的铝箱内，每极都有独立的外壳以增强其可靠性和安全性。外壳为铸铝的焊接结构。PASS中已没有传统的母线，即PASS内第一组和第二组套管充当了"母线"。

（9）敞开式空气外绝缘SF_6高压组合电器（COMPASS）。COMPASS一种紧凑型、空气外绝缘的高压组合电器，由SF_6断路器、电流互感器、隔离开关模块、接地开关等组成。

COMPASS空气外绝缘高压组合电器由移动模块和固定模块构成，从而节省了占地面积。移动模块由水平布置的断路器、电流互感器、支撑瓷套、断路器操动机构、隔离开关操动机构、隔离开关动触头和移动模块底盘等构成；固定模块由支撑柱、固定支架、隔离开关静触头、支撑绝缘子、接地开关及其操动机构、控制箱等构成。

3.2.1.5 隔离开关

隔离开关是具有明显可见断口的开关，没有灭弧装置的高压开关电器。隔离开关可用于通断有电压而无负载的线路，还允许进行接通或断开空载的线路、电压互感器及有限容量的空载变压器。隔离开关的主要用途是当电气设备检修时，用来隔离电源，保证检修工作安全。

隔离开关按安装地点可分为户内、户外型，每种又可分为单相、三相；按绝缘支柱数目可分为单柱式、双柱式和三柱式；根据有无接地开关分为无接地、单接地、双接地和三接地四种。

接地开关是由接地闸刀、静触头、支柱绝缘子和底座组成，用于检修电气设备时将电气线路接地，以确保人身安全的开关设备。

3.2.1.6 互感器

互感器是将电网高电压、大电流的信息按比例变换到低电压、小电流二次侧的计量、测量仪表及继电保护、自动装置的一种特殊变压器，是一次系统和二次系统的联络元件，其一次侧绕组接入电网，二次侧绕组分别与测量仪表、保护装置等互相连接。互感器与测量仪表和计量装置配合，可以测量一次系统的电压、电流和电能；与继电保护和自动装置配合，可以构成对电网各种故障的电气保护和自动控制。互感器性能的好坏，直接影响到电力系统测量、计量的准确性和继电器保护装置动作的可靠性。

互感器根据用途不同分为电流互感器和电压互感器两大类。电流互感器是将电力系统中的大电流按一定的比例（称为变比），变为标准的小电流（5A 或 1A）。电压互感器是将一次系统（供电线路）的高电压按一定的比例（也称变比），变为标准的低电压（100V 或 $100/\sqrt{3}$ V）。在实际应用中，由于电流互感器二次额定电流均设计为 5A 或 1A，电压互感器二次额定电压均设计为 100V 或 $100/\sqrt{3}$ V，所以与电流、电压量值有关的各类仪表、继电器、测试设备、控制设备等就可以按统一的标准参数制作，有利于产品的规范化、标准化和提高准确度，还可以使工作人员及仪表、仪器、设备等避免直接接触高电压，从而保证了安全。

3.2.1.7 避雷器

避雷器是一种能释放雷电兼能释放电力系统操作过电压能量，保护电工设备免受瞬时过电压危害，又能截断续流，不致引起系统接地短路的电器装置。避雷器通常接于带电导线与地之间，与被保护设备并联。当过电压值达到规定的动作电压时，避雷器立即动作，流过电荷，限制过电压幅值，保护设备绝缘；电压值正常后，避雷器又迅速恢复原状，以保证系统正常供电。

避雷器有管式、阀式和金属氧化物避雷器三大类。

3.2.1.8 电力电容器

电力电容器是静止的无功补偿设备。其主要作用是向电力系统提供容性无功功率，改善功率因数。采用就地无功补偿的方式，可以减少输电线路输送电流，起到减少线路能量损耗和压降、改善电能质量和提高设备利用率的重要作用。

（1）耦合电容器：主要用于高压电力线路的高频通信、测量、控制、保护以及在抽取电能的装置中作部件用。耦合电容器的高压端接于输电线上，低压端经过耦合线圈接地，使高频载波装置在低电压下与高压线路耦合。

（2）并联电容器：又称移相电容器，主要用来补偿电力系统感性负荷的无功功率，以提高功率因数，改善电压质量，降低线路损耗。

高压并联电容器装置主要分为框架式（分散式）高压并联电容器装置和集合式（密集型）高压并联电容器装置两种，其结构及特点如下：

1）框架式高压并联电容器装置由隔离开关（接地开关）、放电线圈、氧化锌避雷器、串联电抗器、高压并联电容器、电流互感器、喷逐式熔断器和母线、支柱绝缘子、放电指示灯、组合柜体（构架）等组成。柜式装置一般情况下用于户内，组合构架式装置既可用于户内也可用于户外。装置设计时根据用户及场地需要，可做成双排并列、单排的单层、双层或三层结构，其具有容量调节灵活，装置安装维护方便，储油量少等特点。框架式电容器安装定额包含了电容器组、电抗器、隔离开关、避雷器、支柱绝缘子、母线、框架、接地、单体调试等所有安装内容。

2）集合式并联电容器装置主要由隔离开关（接地开关）、放电线圈、氧化锌避雷器、串联电抗器、集合式（密集型）并联电容器、母线和框架（根据需要可加设围栏）等组成。集合式高压并联电容器装置一般情况下用于户外，其运行不受环境和场地影响。集合式电容器具有全密封、免维护的优点。

（3）串联无功补偿装置，通常串联在330kV及以上的超高压线路中，用以补偿线路的分布感抗，提高系统的静、动态稳定性，改善线路的电压质量，加长送电距离和增大输送能力。串联电容器安装定额包含电容器、火花间隙、阻尼电抗器、绝缘子、金属氧化物限压器（metal-oxide varistor，MOV）、平台、设备连线、接地、单体调试等安装内容。

（4）静止无功补偿装置（statie var compensator，SVC），又名动态无功补偿装置，是现代柔性交流输电系统（flexible alternative current transmission systems，FACTS）的核心组成部分，其为以变压器技术为基础的并联无功补偿FACTS设备。典型的静止无功补偿装置是使用固定电容器加晶闸管控制电抗（FC和TCR），使其具有吸收和发出无功电流的能力，提高系统功率因数，稳定电压源电压。它的重要特性是通过控制TCR的触发延迟角变化，来改变补偿装置所需要的无功功率。TSC智能分组投切电容，和TCR配合使用时，才能连续调节补偿装置的无功功率。固定电容器加晶闸管控制电抗器型静止无功补偿装置能连续调节补偿装置的无功功率，且相应速度较快。因此，可以对无功功率进行快速动态补偿。系统包含晶闸管阀组、电抗器、电流互感器、隔离开关、避雷器、支柱绝缘子、穿墙套管、设备连线、接地、单体调试等全部安装内容。

3.2.1.9 熔断器、放电线圈

（1）熔断器。熔断器在电网中作为供电元件的过电流保护。

熔断器其结构一般包括熔丝管、接触导电部分、支持绝缘子和底座等部分。熔丝管中填充用于灭弧的石英砂细粒，熔件是利用熔点较低的金属材料制成的金属丝或金属片，串联在被保护电路中，当电路或电路中的设

备过载或发生故障时，熔件发热而熔化，从而切断电路，达到保护电路和设备的目的。

熔断器按装设地点分为户内限流式熔断器和户外跌落式熔断器两大类。

（2）放电线圈。放电线圈通常与电力电容器或电力电容器组并联连接，作为放电器件，使电容器从系统切除后，剩余电荷能快速泄放至规定安全值，防止合闸时产生涌流，确保停电检修人员的安全。当电力电容器运行时，作为保护和测量器件。

放电线圈的结构与变压器类似，由铁芯、线圈和绝缘以及外壳组成，其中绝缘分油浸式和干式（环氧树脂浇注）两种。

3.2.1.10 阻波器、结合滤波器

（1）阻波器。线路阻波器是串联在电力输电线上的设备，它为利用电力线传送高频保护和载波系统的分流信号构成通道；阻止高频信号向不需要的方向传送，并抑制变电站对载波系统的分流影响，同时正常地传送工频电流，从而实现载波通信。

阻波器安装有悬吊式和支持式两种。

（2）结合滤波器。结合滤波器在电力线载波通道中，串接在耦合电容器低压端和通信终端机之间，和耦合电容一起实现载波信号传输和工频电流的隔断。

3.2.1.11 高压成套配电柜

高压成套配电柜又称为高压开关柜，在电力系统发电、输电、配电、电能转换和消耗中起通断、控制或保护等作用。

按断路器安装方式一般分为移开式（手车式）高压开关柜和固定式高压开关柜；如果按安装地点可分为户内和户外；按柜体结构可分为金属封闭铠装式开关柜、金属封闭间隔式开关柜、金属封闭箱式开关柜和敞开式开关柜四大类。

3.2.1.12 支柱绝缘子

支柱绝缘子包括户内支柱绝缘子、户外针式支柱绝缘子、户外棒形支柱绝缘子、耐污型户外棒形支柱绝缘子等。

3.2.1.13 高压穿墙套管

高压穿墙套管用于变电站的配电装置和高压电器中导电部分穿过墙壁或其他接地物的绝缘和支持。

高压穿墙套管有导杆式穿墙套管、母线式穿墙套管、油纸电容式穿墙套管等。

3.2.1.14 软母线

软母线一般是指圆形截面、以铝及铝合金材质制成的裸导线。软母线制作、安装方便，造价低廉，广泛用在变电站各电压等级配电装置中的电气设备和相应配电装置的连接。

软母线按材质一般分为铝绞线、钢芯铝绞线、防腐钢芯铝绞线、钢芯稀土铝绞线、扩径导线和碳纤维复合导线等。

（1）扩径导线。扩径导线指将铝绞线缠绕在空心金属软管支撑结构的外面，从而使导线外径扩大的导线。采用这种结构的导线其特点为减少导线表面的电场强度，避免电量放电，减少对无线电的干扰；结构质量轻，减少了安装敷设后的塑蠕伸长，减少导线的永久变形；具有高强度、耐腐蚀、使用寿命长、能改善接头的连接质量等。

（2）碳纤维复合导线。碳纤维复合导线是一种高强度碳纤维复合输电导线，由芯体和包裹在芯体外围的环形导电层构成。芯体为碳纤维组成的导电芯体，还有以碳纤维为基组成的复合导电芯体，即由碳纤维与铝或铜线绞合构成。环形导电层由铜、铝、铝合金线紧密包绕在芯体外围构成，还可在环形导电层外围包覆绝缘层。

碳纤维复合导线是一种全新结构的节能型增容导线，与常规导线相比，具有质量轻、强度大、耐热性能好、热膨胀系数小、高温弧垂小、导电率高、线损低、载流量大、耐腐蚀性能好、不易覆冰、造价较高等特点。

3.2.1.15 带形母线

带形母线也称矩形母线是一种截面为矩形的硬母线，按其材质主要分为铜、铝两大类。矩形母线一般使用于主变压器至配电室内，其优点是施工安装方便，运行中变化小，载流量大，但造价较高。

3.2.1.16 槽形母线

槽形母线是由金属板（钢板或铝板）保护外壳、导电排、绝缘材料及有关附件组成的母线系统，每隔一段距离设有插接分线盒的插接型封闭母线槽。槽形母线具有体积小、结构紧凑、运行可靠、传输电流大、便于分接馈电、维护方便、能耗小、动热稳定性好等优点，在高层建筑中得到广泛应用。

3.2.1.17 管形母线

管形母线是一种截面为圆环的硬母线，其材质一般为空心铜管或铝合金管。相对常规矩形母线，管形母线具有载流量大、机械强度高、散热好、温升低、损耗低等特点。

近年来随着变电站主变压器容量的加大，变压器低压侧母线额定电流不断增加，在以往工程中采用多片矩形导体已不适应工作电流大的回路，而且矩形母线在技术上和结构上很难满足母线发热的要求，由此引起附加损耗、集肤效应系数的增大，造成载流能力的下降、电流分布不均匀。因此采用绝缘母线代替矩形母线的方法来改善母线材料的有效利用率，提高母线机械强度，防止人身触及带电母线及金属物落到母线上产生相间短路等。

3.2.1.18 封闭母线

封闭母线由载流导体、壳体和绝缘材料组成，用金属外壳将导体连同绝缘等封闭起来的母线。

封闭母线主要用于发电机引出线与主变压器低压侧之间的电流传输，也可用于发电机交直流励磁回路、变电站用电引入母线或其他工业民用设施的电源引线。

封闭母线包括分相封闭母线、共箱（含共箱隔相）封闭母线和电缆母线。

（1）共箱封闭母线。共箱封闭母线导体采用铜、铝母排，结构紧凑，安装方便，运行维护工作量小，可基本消除外界潮气灰尘以及外物引起的接地故障，外壳采用铝板（或弱磁钢板）制成，防腐性能良好，并且避免了钢制外壳所引起的附加涡流损耗，外壳上全部连通并多点接地，杜绝人身触电危险并且不需设置网栏，简化了对土建的要求。在变电站中也称封闭母线桥。

（2）分相封闭母线。分相母线是指圆形母线的每一相用同心圆形铝质外壳单独封闭，中间用绝缘子支撑，三相外壳两端再用短路板短接的一种封闭母线形式。分相母线既可有效地防止相间短路，又可减少外壳钢结构的感应发热及短路电流产生的应力。

（3）电缆母线。电缆母线就是在金属箱内绝缘支架上敷设电缆。通过绝缘支架使电缆等距离平行架空，并留有空气流通通道。在金属箱的上盖板、底板、侧板，根据户内、户外的要求开有通风孔和配备脊形盖板。可制成水平直线段、转角段、垂直段等。这些段落首尾相接构成电气上的接地回路。金属箱式电缆母线适用范围广，安装方便灵活，具有优良的绝缘性能和抗故障能力。

3.2.1.19 测控装置

测控装置是在信息源点安装，实现数据采集、控制、信号等功能的装置。测控装置采用工业测控网络与安装于控制室的中心设备连接，实现全变电站的监控，能满足各种电压等级的变电站对实现综合自动化和无人值班的要求。

3.2.1.20 继电保护装置

继电保护装置是指一个或多个保护元件（如继电器）和逻辑元件按要求组配在一起、并完成电力系统中某项特定保护功能的装置。继电保护装置要求能反应电气设备的故障和非正常工作状态并自动迅速地、有选择性地动作于断路器将故障设备从系统中切除，保证无故障设备继续正常运行，将事故限制在最小范围，提高系统运行的可靠性，最大限度地保证向用户安全连接供电。

按保护装置进行比较和运算处理的信号量分类，有模拟式保护和数字式保护。一切机电型、整流型、晶体管型和集成电路型（运算放大器）保护装置，它们直接反映输入信号的连续模拟量，均属模拟式保护；数字式保护是采用微处理机和微型计算机的保护装置，它们反应的是将模拟量经采样和模、数转换后的离散数字量。

3.2.1.21　自动重合闸装置

输电线路上发生的故障大多数属于暂时性故障，如雷击过电压引起的绝缘子表面闪络，大风时的短时碰线，通过鸟类的身体放电，树枝落在导线引起的短路等。发生这些故障时，如继电保护能快速切除故障，则故障点的电弧即可熄灭，绝缘即可恢复，故障随即自行消除，这时重新合上断路器，往往能恢复供电，从而减少停电时间，提高供电可靠性。自动重合闸就是自动合上因故障跳开断路器的自动装置。

按照作用于断路器的方式，重合闸可以分为单相重合闸、三相重合闸、综合重合闸。

按运用的线路结构可分为单侧电源线路重合闸、双侧电源线路重合闸。

3.2.1.22　备用电源自动投入装置

备用电源自动投入装置是当工作电源或工作设备因故障断开后，能自动将备用电源或备用设备投入工作，使用户不致停电的一种自动装置。备用电源自动投入装置是保证供电可靠性的重要设备。备用电源自动投入装置采集断路器位置、电压、电流等信息，如判断出配电装置已失去主电源将自动合上备用电源。微机型备用电源自动投入装置的工作原理和微机保护基本相同。

备用电源自动投入装置主要用于110kV及以下的中低压配电系统中，因此其主接线方案是根据变电站站用电的主要一次接线方案设计的。和一次接线方案相对应，备用电源自动投入装置主要有低压母线分段开关、内桥开关、线路三种备用电源自动投入方案。备用电源自动投入装置可分为单向自投与双向自投两种。

3.2.1.23　故障录波装置

在电力系统发生故障（如线路短路、接地等，以及系统过电压、负荷不平衡等）时，能自动地、准确地记录电力系统故障前、后过程的各种电气量（主要数字量，比如开关状态变化，模拟量，主要是电压、电流数值）的变化情况，通过这些电气量的分析、比较，对分析处理事故、判断保护是否正确动作、提高电力系统安全运行水平均有重要作用。

3.2.1.24　同期装置

发电机并入电力系统、两个系统并列或同一个系统通过输电线路合环运行时所进行的操作称为并列或同期操作。

发电机并入电网分为准同期并列和自同期并列。准同期并列就是并列操作前，调节发电机励磁，当发电机电压的相位、频率、幅值分别与并列点系统的电压、相位、频率、幅值相接近时，将发电机断路器合闸，完成并列操作。自同期并列就是先将励磁绕组经过一个电阻闭路，在不加励磁的情况下，当待并发电机频率与系统频率接近时，合上发电机断路器，紧接着加上励磁，利用电机的自整步作用，将发电机拉入同步。

3.2.1.25　低频减负荷装置

低频减负荷装置是电力系统重要的安全自动装置之一，它在电力系统发生事故出现功率缺失使电网频率、电压急剧下降时，自动切除部分负荷，防止系统频率、电压崩溃，使系统恢复正常，保证电网的安全稳定运行和对重要用户的连续供电。

3.2.1.26　远动装置

远动装置（remote terminal unit, RTU）是一种计算机智能化的产品，可广泛应用于电网调度自动化监控系统，电厂、变电站综合自动化系统，以及其他工业自动化监控系统中，完成现场数据采集测量和监控功能。

远动装置综合了计算机、测量、通信和自动化的专业技术，通过对输变电线路及设备的交流电压、电流的数据采集，自行计算出功率、电量、功率因数、频率等参数，具有遥信、遥测、遥控、遥调功能和数据传输等功能。

3.2.1.27 事故照明切换装置

变电站使用站用电来照明，当变电站发生严重故障（事故）时，可能导致站用电或变电站全部失电。变电站失去照明，给应急处理和人员活动带来不便。事故照明切换装置就是当变电站故障导致站用电失电时，自动将部分照明回路从原交流电切换到直流电的装置。

3.2.1.28 屏（柜）

电气屏（柜）是按一定的生产标准和外形尺寸要求制造的，用于安装各种电气仪表、装置、电路的柜体。电气屏（柜）在外形上为立方体，骨架与面板一般为钢质材料，但也有采用玻璃等其他材料的面板。在变电安装中一般称为各种"屏"。边屏是指用于封闭每一排最边处屏的侧面，一般每排有两个边屏。

各种屏（柜）、控制台所需用的指示测量仪表、灯光信号、操作元件等均安装于钢质（或马赛克）屏面上，屏面上标示出电气接线，屏顶可加各屏公用的小母线，屏后上方安装电阻、熔断器、刀开关、电铃、电笛等元件，屏内安装各种二次设备，屏后两侧安放端子排供敷设导线或电缆接线。

模拟屏是由屏架、马赛克屏面、状态指示灯、数显表、流动光带、数字日历、控制驱动盒、电源箱等构成的模拟显示设备，是传统的调度监控系统中一个重要的组成部分。近年来由于采用了计算机监控技术，目前已逐渐淘汰。

各种继电器、控制开关、各种测量仪表、信号指示设备、闭锁设备、自动化控制设备按不同的方式组合成各种控制屏、继电器屏等，实现不同的功能。

按屏（柜）中安装的装置作用不同一般可分为控制屏、弱电控制返回屏、同期小屏、模拟屏、继电保护屏、自动装置屏、远动装置屏、功角测量屏、就地自动控制屏、计量屏、计算机屏、直流馈电屏、镉镍电池屏、晶闸管整流屏、交直流切换屏等。

3.2.1.29　箱式变电站

箱式变电站又称预装式变电站，是将变压器、高压开关、低压电器设备及其相互的连接和辅助设备紧凑组合，按主接线和元器件不同，以一定方式集中布置在一个或几个密闭的箱壳内。箱式变电站是由工厂设计和制造的，结构紧凑、占地少、可靠性高、安装方便，现在广泛应用于居民小区和公园等场所。

箱式变电站一般容量不大，电压等级一般为 3～35kV，随着电网的发展和要求的提高，电压范围不断扩大，现已经制造出了 132kV 的箱式变电站。

箱式变电站按照装设位置的不同又可分为户外和户内两种类型。

3.2.1.30　低压配电屏（盘、柜）

低压配电屏，是集中、切换、分配电能的设备，一般由柜体、开关（断路器）、保护装置、监测装置、互感器、计量表，以及其他二次元器件组成。

按照电流可以分为交、直流配电盘。按照电压可分为照明配电盘和动力配电盘，或者高压配电盘和低压配电盘。按结构分为固定式、抽屉式和组合式三种。

3.2.1.31　配电箱

配电箱分动力配电箱和照明配电箱，是在低压供电系统末端负责完成电能控制、保护、转换和分配的设备。配电箱是按电气接线要求将开关设备、测量仪表、保护电器和辅助设备组装在封闭或半封闭金属柜中或屏幅上，构成低压配电装置。

3.2.1.32　直流系统设备

（1）蓄电池。蓄电池是将所获得的电能以化学能的形式贮存并可将化学能转化为电能的一种电化学装置。蓄电池的容量单位为安时（A·h）。

蓄电池按电解液可分为铅酸蓄电池和碱性蓄电池两类。

（2）充电装置。

1）晶闸管型充电装置。晶闸管是晶体闸流管的简称，又可称为可控硅整流器。晶闸管具有硅整流器件的特性，能在高电压、大电流条件下工作，且其工作过程可以控制，被广泛应用于可控整流、交流调压、无触点电子开关、逆变及变频等电子电路中。

晶闸管整流设备作为大中小型发电厂、变电站等场所中蓄电池组的充电、浮充电及放电电源设备。同时可以与馈电屏、降压屏及绝缘监测等组成直流操作电源系统。

2）高频开关电源。高频开关电源就是开关型直流稳压电源。开关电源是利用现代电力电子技术，控制开关晶体管开通和关断的时间比率，维持稳定输出电压的一种电源，开关电源一般由脉冲宽度调制（PWM）控制IC和功率开关器件（如MOS-FET）等构成。直流电源或交流电源通过开关电源可以获得一个稳定的直流电源。

高频开关电源是一种模块化设计的可靠性和智能化程度高的电源，其体积小、功耗低、效率高、噪声低、稳压精度高、安全可靠、使用维护方便。

（3）不间断电源（uninterruptible power supply，UPS）。UPS是一种含有储能装置，以整流器、逆变器为主要组成部分的稳压稳频的交流电源。主要利用电池等储能装置在停电时给计算机、服务器、存储设备、网络设备等计算机、通信网络系统或控制系统、需要持续运转的设备等提供不间断的电力供应。当市电输入正常时，UPS将市电稳压后供应给负载使用，此时的UPS就是一台交流式电稳压器，同时它还向储能装置如电池组充电，当外部交流供电中断（如事故停电）时，UPS立即将蓄电池的电能，通过逆变转换的方法向负载继续供应交流电，使负载维持正常工作并保护负载不受损坏。

UPS按其工作方式分类可分为后备式、在线互动式及在线式三大类。

3.2.1.33 照明器具

电力安装工程中的照明主要是为满足构筑物、设备及道路等的户外照明。户外照明系统由照明变压器、照明配电箱、光电源、灯具和照明器件以及连接的电线、电缆组成。

照明灯具主要有以下六种形式：

（1）投光灯。投光灯由光电源、机械部件和电气部件三部分组成。主要用于配电设备、构支架的照明。根据安装方式可分为带基础与不带基础的投光灯两大类。

（2）草坪灯。草坪灯是用于发电厂、变电站内通道、草坪周边的照明设施，安装高度较低。

（3）庭院灯。庭院灯主要用于发电厂、变电站入口、主控楼、生活区等非电气装置区域的照明。

（4）三防灯。三防灯是指具有防水、防尘、防腐功能的专用灯。主要用于火力发电厂设备、构架照明，一般用立杆或支架安装。

（5）高杆路灯。高杆路灯一般是指调试在12m以下的道路照明灯。路灯灯杆为钢管杆或水泥杆，采用单臂或双臂结构，装1套或多套泛光灯。多用于火力发电厂区的道路照明。

（6）高杆照明灯。高杆照明灯一般指15m以上钢制柱形灯杆和大功率组合式灯架构成的新型照明装置。它由灯头、内部灯具电器、杆体及基础部分组成。灯头造型可根据用户要求、周围环境、照明需要具体而定；内部灯具多由泛光灯和投光灯组成，光源采用高压钠灯。在火力发电厂和煤场等大型场所安装使用。

3.2.1.34 电力电缆

电力电缆是在电力系统中用以传输和分配电能的一种特殊电线。电力电缆的使用电压范围宽，从几百伏到几百千伏均可适用；并具有防潮、防腐蚀、防损伤、易敷设、运行简单方便等特点。在变电站中用于引出线、设备连接、照明线路等。

电力电缆的基本结构由线芯（导体）、绝缘层、屏蔽层和保护层四部分组成。

3.2.1.35 控制电缆

控制电缆是应用于开关控制、仪表、保护装置等方面的信号、控制回路接线。主要承担信号传输、机构操作、元件控制等作用，适用于额定电压1000V以下场合使用。

控制电缆在结构与分类方面与电力电缆大致相同，在型号方面有所不同。

3.2.1.36 电缆终端头、中间头

（1）电力电缆终端头。电缆终端头是安装在电缆两端，用以保证电缆与系统的其他部分电气连接，并维持绝缘直到连接点的终端装置。

电力电缆终端头主要有干包式、环氧树脂浇注式、辐射交联热（冷）收缩等。

（2）电缆中间头。电缆中间头是作为电缆与电缆中间连接的装置。电力电缆中间头主要有环氧树脂浇注式、辐射交联热（冷）收缩等。

3.2.1.37 电缆支架与桥架

（1）电缆支架。电缆支架是电缆在隧道和电缆沟内架设时采用的支撑物。

电缆支架根据其制作材料可分为金属支架和复合材料电缆支架；根据加工安装方式可分为装配式和现场制作支架。

金属支架通常是把钢材或铝合金材轧制成所需型材后，经焊接或用紧固件拼装而成；金属支架极易锈蚀，设施的维护费用高，使用寿命也较短。复合材料电缆支架由玻璃纤维和热固性树脂组成，具有电绝缘性能优越、防腐蚀性能和阻燃性能好、强度高、安装简便的特点。

（2）电缆桥架。电缆桥架是指由支吊架、托盘和安装附件等组成的，用于敷设电缆的托盘，广泛应用在电缆密集场所或电气竖井内。电缆桥架具有安全可靠、防火防潮、结构简单、造型美观、配置灵活和维修方便等特点。

电缆桥架分为槽式、托盘式、梯式、组合式等形式。根据材质可分为钢质、铝合金和复合材料等类型。

（3）电缆防火材料。电缆防火是指电缆本体的阻燃防火，电缆沟、道、竖井的防火隔断，电缆孔洞封堵。

电缆阻燃防火材料主要有难燃轻型封闭式隔板、轻型耐火隔板、防火涂料等。

电缆沟、道、竖井的防火隔断主要采用防火门、防火墙、防火包。

电缆孔洞封堵材料有无机、有机防火堵料等。

3.2.2　通信

3.2.2.1　光纤同步数字体系（SDH）光传输设备

光纤同步数字体系是为实现在物理传输网络中传送经适当配置的信息而标准化的数字传输结构体系。它由一些网络单元组成，可在光纤上进行同步信息传输、复用和交叉连接。

3.2.2.2　终端复用器（TM）

终端复用器用在SDH光传输系统网络的终端站点上，它是一个双端口器件。它的作用是将支路端口的低速信号复用到线路端口的高速信号STM-N中，同时将STM-N中的信号分接成低速支路信号。线路端口仅输入/输出一路STM-N信号，而支路端口却可以输出/输入多路低速支路信号。在将低速支路信号复用进STM-N帧（线路）上时，有一个交叉的功能。

3.2.2.3 分插复用器（ADM）

分插复用器用于SDH光传输系统网络的转接站点处，例如链路的中间节点或环上节点，是SDH网络上使用最多最重要的一种网元，ADM有两个线路端口和一个支路端口。ADM的作用是将低速支路信号交叉复用到线路上去，同时将线路信号分接成低速支路信号，另外还可将两个线路侧的STM-N信号进行交叉连接。

3.2.2.4 基本子架及公共单元盘

子架一般分为出线板区、处理板区和风扇区，出线板区可以插各种出线板，定额中的调测基本子架及公共单元盘（SDH）是指对原有光端机扩容时除新增板卡外所进行的调试。

3.2.2.5 OTN电交叉设备

OTN电交叉设备完成ODUk级别的电路交叉功能，为OTN提供灵活的电路调度和保护能力。业务由支路板接入，经电交叉设备调度到线路板，在线路板内封装映射成为一个OTU信号，传输到波分侧。电交叉设备可以将不同大小的业务颗粒调度到一起，封装到一个波长输出，多个业务共享宽带，大大提高了业务的利用率。

3.2.2.6 OTN光交叉设备

OTN光交叉设备是光纤通信网络中的节点设备，它的基本功能是通过远程配置实时创建内部光交叉路径，将信号输出至指定的出口，每个出口对应不同的线路，实现选定波长的上下路，而不影响其他波长通道的传输。

OTN光交叉设备提供OCh光层调度能力，实现波长级别业务的调度和保护恢复。

3.2.2.7　光波长转换器（OTU）

光波长转换器（OTU）用于将信号光转换为OTN内部专用波长的光信号。

3.2.2.8　合、分波器

合波器用于将多个信号波长合在一根光纤中传输，分波器用于将在一根光纤中传输的多个波长信号分离。

3.2.2.9　光谱分析模块

光谱分析模块用于对光纤中信号的光谱性能进行实时监控。

3.2.2.10　脉冲编码调制设备（PCM）

脉冲编码调制是将模拟信号（如语音信号）经过抽样、量化和编码三个过程转化为数字信号再传给对方，对接收到的数字信号经过再生、解码和滤波，把数字信号还原为原来的模拟信号的通信技术。PCM设备具备数据与语音等多业务综合接入功能，在传输中采用并行数字交换技术与灵活的时隙交叉连接技术完成不同流向的业务调度。

3.2.2.11　无源光网络（xPON）

无源光网络（xPON）即在光线路终端（OLT）和光网络单元（ONU）之间的光分配网（ODN），是一种纯介质网络。无源光网络技术广泛应用于电力系统配电网自动化中，E/GPON以太无源光网络技术，采用点到多点结构、无源光纤传输，在以太网之上提供多种业务。

3.2.2.12　光线路终端（OLT）

OLT是PON光纤网络主站处的终端，属于接入网的业务节点侧设备，与路由器（交换机）相连，主要由业务接口与协议处理模块、光传输模块和后管理模块组合而成。一般放置在中心机房内，是整个E/GPON系统的核心设备，提供整个E/GPON系统与其他系统的数据业务接口。

3.2.2.13 光网络单元（ONU）

ONU提供对用户的散出连接。以EPON为例，每条PON中继线最多可支持32次分路和64个ONU。用户与ONU的连接可以使用同轴电缆、双绞线、光缆，甚至是无线连接。属于接入网的用户侧设备，负责用户数据的转发及选择性接收OLT转发的广播数据，为用户提供电话、数据通信、图像等各种业务接口，主要由业务接口与协议处理模块、光传输模块、电源及环境监控模块组成。

3.2.2.14 基站

基站指能接收和发射无线信号，可与无线终端之间实现双向通信的设备。一体化基站设备，指包括RRU和BBU的小型一体化基站设备。

3.2.2.15 无线终端

无线终端指与基站进行数据交互的无线节点设备，负责业务终端与基站之间的数据通信。

3.2.2.16 IMS核心设备

IMS核心设备包括P–CSCF、S–CSCE、I–CSCF、BGCF、HSS、ENUM/DNS、AGCF、MRFC/MRFP、SBC、MMTEL等网元设备，实现对IMS用户的鉴权、控制以及多媒体电话基本业务等。

3.2.2.17 IMS网关设备

IMS网关设备将一种网络的媒体格式转换成另外一种网络的媒体格式，是IP域和电路域互通的中继网关，主要用于IMS和软交换、行政电路交换、公网的互通。

3.2.2.18 IMS AG接入网关

AG（access gateway）接入网关，基于IP技术把传统模拟电话接入到IMS系统中。容量、体积较IAD（integrated access device）更大。

3.2.2.19 IMS IAD接入设备

IAD即综合接入设备，用于将用户的数据和语音等应用接入到IMS系统中。

3.2.2.20　大楼综合定时系统（BITS）

大楼综合定时供给系统（BITS）是指在每个通信大楼内设置的主钟，它受控于来自上级的同步基准，楼内所有其他时钟受该主钟同步。

3.2.2.21　配线架

配线架，也称分配架，是通信设备间连接的一个重要辅助设备，主要起设备及用户间连接、分配的纽带作用，配线架按功能可细分为光纤配线架（ODF）、数字配线架（DDF）、音频配线架（VDF）、网络配线架（IDF）。

3.2.2.22　光缆

一种由单根光纤、多根光纤或光纤束加上外护套制成，满足光学特性、机械特性和环境性能指标要求的缆结构实体。光缆按种类分可分为普通光缆和电力特种光缆。普通光缆按敷设方式不同可分为架空光缆、管道光缆、直埋光缆、水底光缆和海底光缆。电力特种光缆主要为全介质自承式光缆（ADSS）、光纤复合架空地线（OPGW）、光纤复合架空相线（OPPC）和光纤复合低压电缆（OPLC）。

3.2.2.23　端站

端站指光通信系统中有业务上下的站点。

3.2.2.24　中继站

中继站指负责接收并转发通信信号的站点，通常包括信号再生、放大等，无上下业务。

3.2.2.25　再生站

再生站指通信系统中，对电信号（或光信号转为电信号）进行再生处理的中继站。

3.2.2.26　光放站

光放站指仅对光信号进行全光信号再生和放大的中继站点，无光电转换功能。

3.2.3 调试

3.2.3.1 单体调试

单体调试是指设备在未安装时或安装工作结束而未与系统连接时，按照电力建设施工及验收技术规范的要求，为确认其是否符合产品出厂标准和满足实际使用条件而进行的单机试运或单体调试工作。

3.2.3.2 分系统调试

分系统调试是指工程的各系统在设备单机试运或单体调试合格后，为使系统达到整套启动所必须具备的条件而进行的调试工作。

3.2.3.3 分系统调试与单体调试的界限

分系统调试与单体调试的界限是看设备与系统是否连接：设备和系统断开时的单独调试属于单体调试，设备和系统连接在一起的调试属于分系统调试。

3.2.3.4 整套启动调试

整套启动调试是指工程的设备和系统在分系统调试合格后，从联合启动开始到试运合格移交生产运行为止所进行的调整试验和试运行工作。

3.2.3.5 整套启动调试与分系统调试的界限

对于输变电工程调试，以一次设备首次带负荷为界。

3.2.3.6 特殊调试、特殊试验

定额中特殊调试、特殊试验项目主要涵盖三方面的内容：

（1）按照国家或行业标准规定的，技术难度大、需要特殊试验设备，应由具备相应资质和试验能力的单位进行的调试项目。

（2）不常见、没有普遍性的调试项目。

（3）特殊类型工程的调试项目，例如供热机组的供热系统调试。

编制工程概预算时，应根据工程设计方案和实际需要，选取和执行相关特殊调试、特殊试验定额子目。

3.2.3.7 变电站自动化系统

运行、保护和监视控制变电站一次设备的系统，实现变电站内自动化，包括智能电子设备和通信网络设施。

3.2.3.8 变电站监控系统

对变电站内系统或设备进行连续或定期监测及控制的系统，通过监测来核实功能是否被正确执行，并使其工作状况适应于变化的运行要求。

3.2.3.9 时钟同步系统

接收外部时间基准信号，并按照要求的时间准确度向外输出时间同步信号和时间信息的系统。

3.2.3.10 变电站同期系统

变电站同期系统是一种检测并网点两侧电网频率、电压幅值和电压相位是否达到并网条件，实现并网功能的系统。

3.2.3.11 变电站故障录波系统

变电站故障录波系统是在电网发生故障时，能够自动准确记录故障前、后过程的各种电气量的变化的系统。

3.2.3.12 变电站PMU同步相量测量系统

实现对电网电压和线路电流相量的同步测量，用于实现全网运行监测控制或实现区域保护和控制的系统。

3.2.3.13 安全稳定控制系统

安全稳定控制系统是由两个及以上厂站的安全稳定控制装置通过通信设备联络构成的系统，实现区域或更大范围的电力系统的稳定控制。

3.2.3.14 网络报文监视系统

通过在线分析系统网络内的所有通信报文，实时监视自动化系统的运行状况并及时对异常进行报警，从而查找系统存在的隐患和异常，分析系统异常和错误原因，指导有关人员定位、排除系统隐患及故障。

3.2.3.15 在线监测系统

实现变电站内一次设备在线监测数据连续或周期性地采集、处理、诊断分析及传输的设备状态监测系统。

3.2.3.16 保护故障信息主站系统

安装在调度机构或区域（集控）中心，负责与子站系统通信，完成信息处理、分析、发布、存储等功能的硬件及软件系统。

3.2.3.17 变电站保护故障信息子站系统

安装在厂站端负责与站内接入的继电保护装置及动态记录装置进行通信，完成规约转换和信息收集、处理、控制、存储，并按要求向主站系统发送信息的硬件及软件系统。

3.2.3.18 二次系统安全防护

二次系统安全防护是为防范电力二次系统遭受恶意代码入侵而建立的二次系统安全防护体系，以保障电力系统的安全稳定运行。

3.2.3.19 网络安全等级测评

测评机构依据国家信息安全等级保护制度规定，按照有关管理规范和技术标准，对非涉及国家秘密的网络安全等级保护状况进行检测评估的活动。

3.3 架空输电线路工程

3.3.1 工地运输

3.3.1.1 工程如采用商品混凝土或机械化施工时，不计人力运输。

3.3.1.2 架线工程采用张力架线时，因为设置了牵张场，汽车可以到现场，因此线材不计人力运输。

3.3.1.3　钢管杆一般不计人力运输、拖拉机运输。

3.3.1.4　砂、石运输：砂、石一般采用地方材料信息价，只计算人力运输、拖拉机运输和索道运输，不计算汽车、船舶等机械运输及装卸。如果施工现场所处位置的运距超过了地方材料信息价组价运输距离，可以计取超过部分距离的运输费用，但不计装卸费用。

3.3.2　土石方工程

3.3.2.1　采用井点降水施工时，井点降水执行《电力建设工程预算定额（2018年版）第一册　建筑工程》相应定额。采用井点降水措施后，土方开挖执行"普通土"定额。

3.3.2.2　施工操作裕度计算：

（1）基础无垫层时，按基础宽（长）每边增加施工操作裕度。

（2）基础垫层为坑底铺石时，按基础宽（长）每边增加施工操作裕度。

（3）基础垫层为坑底铺石灌浆、坑底铺石加浇混凝土、素混凝土时，按垫层宽（长）每边增加施工操作裕度。

（4）基础垫层为灰土时，按灰土垫层宽（长）不增加施工操作裕度。

3.3.2.3　机械挖泥水、水坑时，按"普通土、坚土"定额乘1.15系数。当含水率超过50%时，排水费另计。

3.3.2.4　挖孔基础为锥形基础时，坑径采用坑深的1/2处的直径执行相应定额。

3.3.2.5　岩石基础包括直锚式、承台式、嵌固式。嵌固式和承台式的承台部分岩石开挖执行"挖孔基础挖方"定额。直锚式、承台式（非承台部分）成孔执行"岩石锚杆基础"定额。嵌固式和承台式的承台部分混凝土浇制执行"现浇基础"定额。

3.3.2.6　挖孔基础，同一孔中不同土质，按岩土工程勘测报告提供的地质资料，分层计算工程量，以挖孔总深度为坑深执行相应定额。

3.3.2.7　挖孔基础土石方工程量，一般为基础设计混凝土量扣除基础露出地面部分的混凝土总量（不含充盈量）。如果设计采用护壁，挖方工程量应增加护壁的体积（不含充盈量）。半掏挖式基础，掏挖部分的混凝土量为挖孔基础基坑土石方开挖工程量。

3.3.3　基础工程

3.3.3.1　挖孔基础若采用基础护壁时，基础的混凝土不计算充盈量。

3.3.3.2　定额不包括钻孔灌注桩成孔、挤扩支盘桩成孔、非开挖接地的泥浆外运、处置，发生时按工程所在地规定的泥浆外运运输费及泥浆处置费计列。

3.3.3.3　机械推钻成孔，同一孔中不同土质，按岩土工程勘测报告提供的地质资料，分层计算。不同土质按钻孔总深度为孔深执行相应定额。

3.3.3.4　挖孔基础（包括掏挖基础、挖孔桩基础及岩石嵌固基础）孔深5m以上的，执行钻孔灌注桩基础"混凝土浇制"定额；孔深5m以内的，执行现浇基础"混凝土浇制"定额。

3.3.3.5　接地安装定额不包括接地体及接地极的防腐处理。如设计要求防腐处理，一般加工制作时按设计要求以作防腐处理，不再计列此项费用。如设计要求施工现场作防腐处理，其费用另计。

3.3.4　杆塔工程

3.3.4.1　定额不包括铁塔钢管杆、混凝土电杆横担、避雷线顶架、脚钉（爬梯）、拉线抱箍等组合构件的防腐处理。如设计要求防腐处理，一般加工制作时按设计要求以作防腐处理，不再计列此项费用。如设计要求施工现场作防腐处理，其费用另计。

3.3.4.2 定额适用于架空线路铁塔全高220m以内的各种形式铁塔，已综合考虑了直线塔、耐张转角塔、自立塔与拉线塔等各种塔型的施工方法，不同时不作调整（定额有说明除外）。

3.3.4.3 塔全高超过220m的铁塔安装，按施工组织设计另行计算。

3.3.4.4 塔材质量不计取以大代小增加量。

3.3.4.5 紧凑型铁塔组立时，按相应的铁塔组立定额人工、机械乘1.1系数。

3.3.4.6 定额油漆按普通调和漆考虑，如采用其他油漆时，调整油漆材料费。

3.3.5 架线工程

3.3.5.1 OPGW、OPPC、330kV及以上线路架线必须采用张力架线。

3.3.5.2 导线、避雷线同时架设时，导引绳展放不区分导线、避雷线，按单回线路亘长计算，多回线路工程量乘回路数。改建工程如只更换导线按回路数来计算，如只更换避雷线（含OPGW）一根或多根均按单回路计算。

3.3.5.3 定额不包括飞行器的租赁费，发生时另计。

3.3.5.4 铝包钢绞线架设，执行"良导体避雷线"定额。

3.3.5.5 OPPC架设，执行相应导线截面"导线张力放、紧线"和"架设OPPC增加费"两部分。

3.3.5.6 同塔架设双回、多回线路工程和临近有带电线路架线施工时，按照架线系数调整表进行系数调整。若不同电压等级线路同塔多回路架设时，不同等级电压线路根据各自的回路数调整系数后再乘0.9系数。

3.3.5.7 避雷线及OPGW单独架线施工临近有带电线路时，按表3-1和表3-2中"一回路"调整系数。

表3-1 架线系数调整表（一）

序号	同塔回路数	同时架设			临近带电线路		
		人工	材料	机械	人工	材料	机械
1	一回路	1.00	1.00	1.00	1.10	1.00	1.10
2	二回路	1.75	2.00	1.75	1.98	2.00	1.98
3	三回路	2.50	3.00	2.50	2.75	3.00	2.75
4	四回路	3.10	4.00	3.10	3.41	4.00	3.41
5	六回路	4.00	6.00	4.00	4.40	6.00	4.40

表3-2 架线系数调整表（二）

序号	同塔二次架设回路数	非同时架设			临近带电线路		
		人工	材料	机械	人工	材料	机械
1	一回路	1.10	1.00	1.10	1.21	1.00	1.21
2	二回路	1.98	2.00	1.98	2.18	2.00	2.18
3	三回路	2.75	3.00	2.75	3.03	3.00	3.03
4	四回路	3.41	4.00	3.41	3.75	4.00	3.75
5	五回路	3.96	5.00	3.96	4.36	5.00	4.36

3.3.5.8 跨越架设定额不包括被跨越物产权部门提出的咨询、监护、路基占用等费用，发生时按政府或有关部门的规定另计。

3.3.5.9 "单根避雷线（含OPGW）"定额，使用单独架设避雷线（含OPGW）时的跨越，如避雷线（含OPGW）随导线同时架设，已包括在相应导线跨越架设中，不得再执行定额。

3.3.5.10 跨越铁路定额分为一般铁路、电气化铁路，如跨越高速铁路，按施工组织设计另计费用。

3.3.5.11 跨越河流定额仅适用于有水的河流、湖泊（水库）。在架线期间，人能涉水而过的河道，或正值干涸时的河流、湖泊（水库）均不按跨越河流计。对于必须采取封航的通航河道、水流湍急以及施工难度较大的深沟或峡谷，其跨越架线按审定的施工组织设计，由工程主审部门另行核定。

3.3.5.12　施工中遇到人车通行的土路、不拆迁的房屋及不砍伐的果园、经济作物、穿越电力线等，架线时需采取防护措施，可按下面方法计算：

（1）跨越土路，以"处"为计量单位，执行"跨越低压、弱电线"相应定额乘0.8系数。

（2）果园、经济作物，按60m为一处，执行"跨越低压、弱电线"相应定额乘0.8系数。

（3）跨越房屋，以独立房屋为一处，执行"跨越低压、弱电线"相应定额，房屋高度10m以下乘0.8系数，房屋高度10m以上乘1.5系数。

3.3.5.13　穿越电力线（无论被穿越电力线是否带电），按被穿越线路电压等级，执行"跨越电力线"定额乘0.75系数。

3.3.5.14　单根避雷线（含OPGW）带电跨越时，按"带电跨越电力线"定额乘0.1系数。"单根避雷线（含OPGW）"带电跨越多回路时，按"带电跨越电力线"定额的调整系数（非增加系数累加）为双回路0.15，三、四回路0.175，五、六回路0.20。

3.3.5.15　单盘测量中的盘长按设计规定，设计未规定，OPGW盘长按4km计算，OPPC盘长按3km计算。

3.3.5.16　OPPC单盘测量，执行"OPGW单盘测量"相关定额。

3.3.5.17　OPPC光缆接续，执行"OPGW光缆接续"相关定额人工乘1.5系数。

3.3.5.18　接续工程量按接头的个数计算，只计算架空部分的连接头，两端（厂、站内）的光纤进（出）线的架构接线盒及至通信机房部分执行《电力建设工程预算定额（2018年版）　第七册　通信工程》第13章相应定额。

3.3.5.19　OPPC全程测量，执行"OPGW全程测量"相关定额。定额按100km考虑，超过100km时，每增加50km，定额人工、机械乘1.4系数，不足50km按50km计列。

3.3.6 附件工程

3.3.6.1 同塔非同时架设下一回路或临近有带电线路时，由于受已架设线路或带电线路感应电等影响，在附件安装时定额人工、机械乘1.1系数。

3.3.6.2 附件工程不包括避雷线（含OPGW）的绝缘子串安装，该工作包含在架线工程的避雷线、OPGW架设中。

3.3.6.3 导线悬垂线夹安装有两种，导线缠绕铝包带线夹和导线缠绕预绞丝线夹，实际工程中二者只用其一，不得重复执行。定额中"铝包带"为计价材料，"预绞丝"为未计价材料。

（1）预绞丝式悬垂线夹，按"导线缠绕预绞丝线夹安装"的相应定额乘1.2系数。

（2）导线悬垂线夹安装定额已综合考虑了各种导线截面，不同时不作调整。

（3）跳线悬垂串线夹安装，执行"导线悬垂线夹安装"定额。

3.3.6.4 均压环、屏蔽环安装。

（1）复合绝缘子中的均压环，不再单独执行均压环安装定额。

（2）耐张杆塔均压环、屏蔽环定额计量单位"单相（单极）"是指每基耐张转角杆塔单侧单相或单极。

（3）同一相（级）中既有均压环又有屏蔽环，不得分别执行相应定额。

3.3.6.5 防振锤、间隔棒安装。

（1）跳线间隔棒安装，执行"导线间隔棒安装"定额。

（2）相间间隔棒计量单位"组"，是指连接两相导线之间的相间间隔棒为一组，包括绝缘子、导线间隔棒、连接金具等。

（3）相间间隔棒安装，包括组成相间间隔棒的绝缘子、线夹、间隔棒等各组合件安装，不得将组合件分拆后分别执行定额。

（4）防振锤安装时需缠绕预绞丝，按"防振锤安装"相应定额乘1.2系数。

（5）金具绝缘子串中的间隔棒安装已含在金具绝缘子串中，不再执行"导线间隔棒安装"定额。

3.3.6.6　跳线制作及安装。

（1）定额未包括跳线绝缘子串悬挂、跳线线夹安装工作，发生时执行"直线（直线换位、直线转角）杆塔绝缘子串悬挂安装"和"导线悬垂线夹安装"相应定额。

（2）刚性跳线拉杆安装，执行绝缘子串悬挂"Ⅰ型双联串"相应电压等级定额。

（3）软跳线安装定额不含导线间隔棒安装，发生时执行"导线间隔棒"相应定额。

（4）跳线安装未计价材料不含导线，导线含在架线工程未计价材料费中。

3.3.7　辅助工程

3.3.7.1　施工道路是指工程建设期间施工临时道路，不包括线路巡检道路的施工。

3.3.7.2　监测装置、避雷器安装的支架制作、安装，发生时执行《电力建设工程预算定额（2018年版）第四册　架空输电线路工程》第4章杆塔工程相应定额。

3.3.7.3　施工道路修筑。

（1）路床整形是指高差30cm以内的人工挖高填低、平整找平。平均高差30cm以上的平整，另行执行土石方工程定额。

（2）施工道路需拆除清理时，按相应定额人工、机械乘0.7系数，不包括拆除清理后的渣土（石）外运，发生时执行《电力建设工程预算定额（2018年版）　第四册　架空输电线路工程》第1章工地运输相应定额。

3.3.7.4　护坡、挡土墙及排洪沟砌筑。

（1）定额不包括护坡、挡土墙及排洪沟土石方开挖，发生时执行《电力建设工程预算定额（2018年版）　第四册　架空输电线路工程》第2章土石方工程相应定额。

（2）浆砌护坡和挡土墙砌筑中的砂浆用量，按设计规定，设计未规定时，砂浆用量按护坡和挡土墙体积的20%计列。

（3）杆塔基础现浇混凝土防撞墩，执行"排洪沟、护坡、挡土墙"钢筋混凝土或素混凝土定额。

（4）钢筋混凝土浇制定额中的钢筋加工及制作，执行《电力建设工程预算定额（2018年版）　第四册　架空输电线路工程》第3章"钢筋加工及制作"定额。

3.3.7.5　杆塔标志牌安装。

（1）杆塔标志牌包括警示牌、相序牌、杆号牌、命名牌、飞行器巡检标志牌等杆塔各类标志牌，定额按安装高度220m以内考虑，并综合考虑了标志牌不同材质、尺寸大小、固定方式及杆塔型式等因素，不同时不作调整。杆塔标志牌安装高度超出220m时按施工组织设计另行计算。

（2）杆塔标志牌需拆装时，定额人工、机械乘1.3系数。如开口线路已有杆塔标志牌拆装。

（3）依据《电网工程建设预算编制与计算规定（2018年版）》规定，新建杆塔的标志牌、警示牌材料费包含在"工器具及办公家具购置费"。编制预算时新建杆塔的标志牌、警示牌材料费不单独计列，原有杆塔更换的标志牌、警示牌材料费按未计价材料计列费用。

3.3.7.6 防鸟板、防鸟罩、机械式驱鸟器安装执行"防鸟刺安装"定额，电子式驱鸟器安装执行"驱鸟器安装"定额。

3.3.7.7 避雷器安装试验。

（1）避雷器安装包括均压环、放电记录器（计数器）、放电间隙调整、接地连接线及接地等工作，不包括避雷器支架安装，支架安装包括在杆塔工程。

（2）线路避雷器安装包括单体调试。

3.3.7.8 监测装置安装调测。

（1）定额适用监测系统数据采集前端的安装与调测，后端分析处理系统安装与调测执行《电力建设工程预算定额（2018年版） 第七册 通信工程》相关定额。

（2）数据采集器适用于雷电数据、绝缘子泄漏电流、导线弧垂、导线温度、导线微风振动、导线风偏、导线舞动、线路覆冰、电缆局部放电、杆塔振动、杆塔倾斜、微气象、分布式故障诊断、视频监测等各类型的架空输电线路在线监测装置。

（3）数据采集器"导线"定额是指在导线、避雷线及绝缘子串、线夹等金具上安装数据采集器。

（4）数据采集器"杆塔"定额是指在杆塔（含横担）上安装数据采集器，已综合考虑安装杆塔的高度和横担水平位置。

（5）"系统联调"是指在同一杆塔上的数据采集等设备的整体调试，已综合考虑同一杆塔上数据采集器数量和类型，不同时不作调整。

3.3.7.9 耐张线夹X射线探伤。

（1）计量单位"基"，是指单回路每基单侧的导线、避雷线耐张线夹探伤，如多回路或每基双侧探伤时按表3-3调整。

（2）定额适用于架空输电线路导线、避雷线耐张线夹的检测，已综合考虑耐张线夹的各种规格型号、安装高度等因素，不同时不作调整。

表3-3　耐张线夹X射线探伤回路数调整系数表

回路数	每基单侧			每基双侧		
	人工	材料	机械	人工	材料	机械
一回路	1.00	1.00	1.00	1.75	2.00	1.75
二回路	1.75	2.00	1.75	3.05	4.00	3.05
三回路	2.50	3.00	2.50	4.40	6.00	4.40
四回路	3.00	4.00	3.00	5.25	8.00	5.25

（3）定额按交流线路工程设置，直流线路工程按相应定额乘0.8系数。

　3.3.7.10　输电线路试运。

（1）定额按线路长度50km以内考虑。超过50km时，每增加50km，定额乘0.2，不足50km按50km计列。

（2）同塔架设多回线路时，增加的回路定额乘0.7系数。

（3）定额未含线路对通信的干扰测试，发生时，费用列入其他费用中。

（4）35kV输电线路不计取输电线路试运费。

（5）输电线路试运工程量按回计量，如一回输电线路由架空与电缆两部分组成时，工程量按1回计算。

3.4　电缆线路工程

3.4.1　电缆沟、排管工程

3.4.1.1　施工操作裕度

（1）基础无垫层时，按基础宽（长）每边增加操作裕度。

（2）基础垫层为坑底铺石灌浆、加浇混凝土或混凝土时，按垫层宽

（长）每边增加操作裕度。

（3）施工操作裕度见表3-4。

表3-4 施工操作裕度

序号	名称	操作裕度（m）
1	砌砖基础、沟道	0.2
2	混凝土基础、沟道支模板	0.3
3	砌石基础、沟道	0.15
4	立面做防水层	0.8

注：按垫层宽度计算每边增加量，无垫层时按基础宽度计算。

3.4.1.2 人工土石方、机械土石方工程量按施工组织设计规定的开挖范围及有关内容计算，如未明确放坡标准时，可按表3-5的边坡系数计算工程量。

表3-5 边坡系数

土壤类别	放坡起点（m）	人工挖土	机械坑内挖土	机械坑上挖土
普土	1.20	1:0.5	—	—
坚土	1.80	1:0.3	—	—
松砂石	1.20	1:0.5	—	—
土方	1.20	—	1:0.33	1:0.53
松砂石	1.20	—	1:0.33	1:0.53

注：淤泥、流砂、岩石，均不放坡。

3.4.1.3 各类土、石质按设计地质资料确定，不作分层计算。同一坑、槽、沟内出现两种或两种以上不同土、石质时，则一般选用含量较大的一种确定其类型，出现流砂层时，不论其上层土质占多少，全坑均按流砂坑计算。出现地下水涌出时，全坑按水坑计算。

3.4.1.4 挖掘过程中因少量坍塌而多挖的土石方工作量已包括在定额内。

3.4.1.5　采用井点降水施工的土方量，按普通土计算，井点降水费用另计。

3.4.1.6　余土处理，定额已考虑了100m范围内的场内移运，其运距超过100m以上部分执行《电力建设工程预算定额（2018年版）第四册　架空输电线路工程》第1章"工地运输"中其他建筑安装材料装卸、运输定额，渣土消纳费用按各地方规定执行。

3.4.1.7　钢筋混凝土路面开挖按混凝土路面定额乘系数1.18。

3.4.1.8　电缆沟、排管和工井均采用现场搅拌混凝土，如采用商品混凝土时，相应定额人工乘系数0.75，机械乘系数0.3。

3.4.1.9　开启井执行直线工井定额。

3.4.1.10　三通工井、四通工井及其他异型工井在计取直线工井浇制定额的同时可另计凸口，但计算直线工井混凝土量时需扣除直线工井井壁上凸口孔洞的混凝土量。

3.4.1.11　砖混结构管井按设计图纸区分砖砌和现浇混凝土的实体量，分别执行砖砌沟体和现浇工井定额。

3.4.1.12　顶管及非开挖水平导向钻进定额已综合考虑了工作坑、泥浆池的开挖、回填，使用时不能由于施工方法的不同而调整。

3.4.1.13　玻璃钢管、PVC管、MPP管、碳素波纹管等排管工程中的电缆保护管敷设，均执行电缆管敷设定额子目。

3.4.1.14　非开挖水平导向钻进

（1）定额按普通土土质考虑。施工中遇坚土、松砂石土质，定额乘系数1.6；遇泥水、流砂土质，定额乘系数1.7；遇岩石地质，定额乘系数5.2。

（2）定额已综合考虑管材材质，使用时不能由于管材材质不同而调整。

（3）定额未考虑泥浆外运的内容，发生时根据外运形式费用另计。

3.4.1.15　电缆沟盖板单揭或单盖时，定额乘系数0.6。

3.4.1.16　破路面。

（1）定额未考虑路面修复及各类赔偿费用，可根据实际情况执行地方的有关规定，费用可计入其他费用中。

（2）人行道预制板路面厚度按60mm考虑，无论实际厚度是多是少，均不作调整。彩色预制板路面厚度按120mm考虑，包括彩色预制块下面的混凝土垫层开挖，无论实际厚度是多是少，均不作调整。当市区人行道预制板路面成"品"字形铺设，在开挖路面计算宽度时，可根据沟槽实际开挖平均宽度计算（包括交叉重叠部分）。

3.4.1.17　垫层。

套用碎石灌浆定额时，砂浆或混凝土的用量按设计规定计算，如设计未规定时，其砂浆用量按垫层体积的20%计列，混凝土用量按垫层体积的30%计列。

3.4.1.18　沟体、工井。

（1）定额 YL1-42砖砌沟体每立方米未计价材料含量：M5水泥砂浆0.228m²、砖240mm×115mm×53mm0.54千块。

（2）定额 YL1-44防水砂浆抹面（平面）每平方米未计价材料含量：1：2水泥砂浆0.02m²、防水粉0.56kg、水0.038t。

（3）定额YL1-45防水砂浆抹面（立面）每平方米未计价材料含量：1：2水泥砂浆0.024m²、防水粉0.57kg、水0.038t。

3.4.1.19　排管浇制。

（1）四层排管定额按一次性浇制考虑，四层排管如采用二次浇制，相应定额的人工、机械乘系数1.2。

（2）在排管浇制及工井浇制定额中已包括了护栏的安装费和护栏材料的摊销费。

3.4.1.20　非开挖水平导向钻进。

（1）定额不考虑由于相邻施工而造成的工井连接。

（2）定额已综合考虑管材材质，使用时不能由于管材材质不同而调整。

（3）定额未考虑泥浆外运的内容，发生时根据外运形式费用另计。

（4）多管电缆拉管工程中，按集束最大扩孔孔径计算及定额选取：根据不同的孔数–孔径的组合方式，得到其最小集束直径，再根据现场地质条件、入土角度等乘1.2～1.5倍的系数作为最大扩孔孔径，施工组织设计或设计无要求的按1.2倍计算。

3.4.1.21 盖板制作、充砂。

（1）盖板制作定额不含安装，发生时套用"揭、盖电缆沟盖板"定额。

（2）盖板制作定额每立方米未计价材料含量按设计图示尺寸计算，设计无规定时，按圆钢Φ10以下28.8kg/m³，圆钢Φ10以上31.3kg/m³计算。

（3）型钢框预制盖板制作定额未计价材料含量按设计图示尺寸计算，设计无规定时，按等边角钢369kg/m³，圆钢Φ10以下116kg/m³计算。

3.4.1.22 揭、盖电缆沟盖板。一块电缆沟盖板，揭一次盖板、盖一次盖板，其工程量为1块，盖板单揭或单盖时，定额乘系数0.6。

3.4.2 陆上电缆敷设

3.4.2.1 电缆敷设，定额按铜芯编制。如采用铝芯可以参考同截面电缆，按相应定额人工、机械乘系数0.9。

3.4.2.2 垂直敷设电缆执行隧道内电缆敷设定额，人工、机械乘系数2.0。

3.4.2.3 110～220kV电缆敷设定额是按交联电缆与充油电缆综合考虑，使用时不作调整。

3.4.2.4 电缆敷设定额中综合考虑人力敷设与机械敷设的比例，使用时不得因比例不同作调整。

3.4.2.5 电缆沟如需敷设标识带，每米敷设增加输电普通工0.05工日，标识带按未计价材料计列。

3.4.3 陆上电缆接头、终端制作安装

3.4.3.1 110、220、500kV交联电缆接头制作安装，由于直线接头与绝缘接头制作工艺、消材、人工差别不大，故定额子目设置不分直线接头与绝缘接头制作。

3.4.3.2 充油电缆接头制作安装所耗电缆油均按电缆厂家供货考虑。

3.4.4 陆上电缆附属工程

3.4.4.1 空调机、去湿机安装与拆除是以一只接头工井为一"处"计算。

3.4.4.2 充油电缆供油装置以一套装置为一"处"计算安装费，不包括支架的安装。

3.4.4.3 避雷器运搬、安装均考虑采用机械施工，避雷器安装中均包括放电记录器的安装，以及附加并联电阻均压环安装，但不包括钢支架的安装。

3.4.4.4 电缆过路保护管、引上电缆保护管等局部电缆保护管敷设，执行电缆保护管敷设定额。

3.4.4.5 电缆支架、桥架制作安装。

（1）临时支架搭、拆定额可用于沟（隧）道、夹层、终端塔平台等脚手架搭拆，支架材质分为环氧树脂绝缘管和普通钢管两种，按支架搭拆高度分为10米以内、15米以内、20米以内三类，搭、拆为1处计算。

（2）沟（隧）道、夹层内临时支架搭、拆执行"终端塔平台"定额乘以0.6系数。电缆支架制作、安装适用于固定或支撑电缆等单层、多层支架或平台。

（3）电缆支架制作、钢筋加工及制作不包括热镀锌。

3.4.5 电缆常规试验

3.4.5.1 电缆交流耐压试验在同一地点做两回路及以上试验时,从第二回路按60%计算。

3.4.5.2 电缆交流耐压试验110kV最大试验长度按20km计算,220kV最大试验长度按16km计算,500kV最大试验长度按8km计算。当交流耐压试验电缆超过极限长度时按照专项施工组织设计方案另行计算费用。电缆交流耐压试验最大试验长度指单回路路由长度。

3.4.5.3 35kV电缆局部放电试验与110kV及以上电缆局部放电试验采用的试验方式不同,实际发生时按照专项施工组织设计方案另行计算费用。

4

施工图预算问题清单及
常见案例

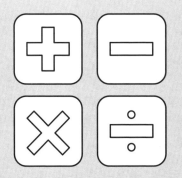

4.1 变电建筑工程

4.1.1 案例1: 土（石）方工程

4.1.1.1 挖坑槽土方的项目特征：若地基处理有桩，项目特征需增加描述"其他：考虑桩间土"，挖坑槽土方分部分项工程量清单示例见表4-1。

表4-1 挖坑槽土方分部分项工程量清单示例

序号	项目编码	项目名称	项目特征	计量单位	工程量	备注
1	BT1102A13001	挖坑槽土方	（1）土壤类别：普通土。 （2）挖土深度：4m以内。 （3）含水率：详见地勘报告。 （4）回填方式：夯填。 （5）运距：综合考虑。 （6）其他：考虑桩间土、大开挖	m^2	3263.423	

4.1.1.2 除场地平整、站内外道路按挖一般土（石）方清单外，其余均按挖坑槽土方编制。

4.1.1.3 概算、预算、工程量清单坑槽挖方深度均从垫层底标高计算至设计标高，以设计标高（即最终标高或终平标高）为挖方起点；如设计有初平标高，以设计初平标高为挖方起点。

4.1.1.4 挡土墙的挖方起点，按站内地面设计标高与围墙外地面标高中较低者计算。

4.1.1.5 护坡及站外道路挖方工程量若已含入"场地平整–挖一般土（石）方"工程量中，则不再重复计列。

4.1.2 案例2：基础工程

4.1.2.1 若垫层是聚合物水泥混凝土，则需增加一条主材"聚合物混凝土价差"。

4.1.2.2 钢筋混凝土基础梁，若没有垫层，则需将项目特征中垫层的描述删除。

4.1.2.3 外墙及内墙0m以下条形基础编制方法。某110kV变电站配电楼条形基础详图4-1。

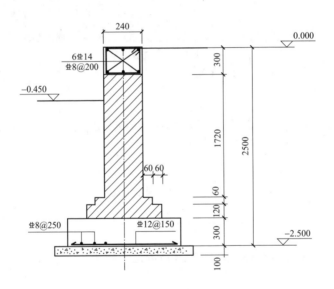

图4-1 某110kV变电站配电楼条形基础详图

方法一：条形基础按一条清单计列，项目特征需描述：砌体种类、规格；砂浆强度等级；垫层混凝土强度。

方法二：将条形基础分别按混凝土条形基础、砖砌条形基础、地圈梁、防水层、防潮层（是否有防潮层依据图纸设计）分别计列清单。

4.1.3   案例 3：雨篷

依据 Q/GDW 11338—2014《变电工程工程量计算规范》中规定：金属墙板、预制墙板、砌体外墙、砌体内墙，清单项目包括雨篷的浇制或预制与安装工作内容。

当外墙为金属墙板，雨篷采用浇制混凝土时，套用预算定额子目"现浇零星构件"，并组价到相应墙板、墙体清单子目中；项目特征需描述雨棚混凝土强度。

当雨篷采用墙板相同材质时，雨篷工程量套用墙板预算定额，并组价到相应墙板清单子目中；清单工程量为墙体工程量和雨篷工程量的合计数。

当雨篷采用其他材质时，可另计费用并单列清单子目。

当雨篷设计有防水做法时，按屋面防水计列清单项。

4.1.4   案例 4：钢结构工程

4.1.4.1   地脚螺栓安装，工程量为设计工程量，套用 YT5–153 定额子目，高强螺栓改为甲供。项目特征、备注中均描述"地脚螺栓甲供"，地脚螺栓分部分项清单示例见表4–2。

4–2   地脚螺栓分部分项清单示例

序号	项目编码	项目名称	项目特征	计量单位	工程量	备注
11	BT1102G25001	预埋地脚螺栓	（1）规格：地脚螺栓。（2）供货方式:甲供	t	9.314	地脚螺栓为甲供

螺栓固定架安装，工程量为自行测算或图纸设计量，套用 YT5-148 和 YT5-151 定额子目。

4.1.4.2　成品钢柱安装，工程量为图纸设计量（含节点），套用 YT6-68，钢柱改为甲供。项目特征、备注中均描述"钢柱甲供"。二次补漆不单独计列清单，合并到钢结构柱中，项目特征增加补漆要求内容的描述。钢柱分部分项清单示例见表4-3。

表4-3　钢柱分部分项清单示例

序号	项目编码	项目名称	项目特征	计量单位	工程量	备注
12	BT1102H13001	钢柱	（1）品种:H型钢及综合（含柱脚节点）。（2）供货方式：钢柱甲供。（3）二次补漆：热喷锌、封闭漆	t	45.438	钢柱（含柱脚节点）甲供，投标人安装

4.1.4.3　成品钢梁安装，工程量为图纸设计量（含节点），套用 YT6-72，钢梁改为甲供。项目特征、备注中均描述"钢梁甲供"。二次补漆不单独计列清单，合并到钢结构梁中，套用相应防腐漆定额子目YT12-86-YT12-106。二级工程量=构件安装工程量×0.3，施工费材料费均为乙供。项目特征增加补漆要求内容描述。

4.1.4.4　成品钢墙架安装，工程量为图纸设计量（含节点），套用 YT6-81，钢墙架（成品）改为甲供。项目特征、备注中均描述"钢墙架为甲供"。本清单依据图纸设计要求，根据施工工艺判断是否计列，适用于钢墙架先安装墙架，再进行挂压型钢板复合墙板的工程，有的工程为嵌入式纤维水泥复合墙板，则墙架不单独计列清单，在嵌入式纤维水泥复合墙板项目特征中描述含墙架龙骨，嵌入式纤维水泥复合墙板（甲供）含税价应包含墙架龙骨费用。

4.1.4.5 钢梁、钢柱防火涂料，清单工程量为钢构件安装工程量，二级工程量为构件安装工程量×0.65套用 YT12-100，防火涂料改为甲供。项目特征、备注中均描述"防火涂料甲供"。如果耐火极限为2h，定额调整系数为2，耐火极限为3h，定额调整系数为3，耐火极限为 1.5 h 定额调整系数为1.5。钢结构防火分部分项清单示例见表4-4。

表4-4 钢结构防火分部分项清单示例

序号	项目编码	项目名称	项目特征	计量单位	工程量	备注
15	BT1102H21001	钢结构防火	（1）防火部位:钢柱。 （2）耐火极限:≥3h。 （3）供货方式:涂料甲供	t	45.438	防火涂料为甲供

4.1.4.6 甲供钢柱、钢梁防腐漆，根据设计要求的底漆、中间漆、面漆等工艺做法，不考虑喷砂除锈，组价套用 YT12-86～YT12-106，现场完成的除锈、底漆、中间漆、面漆，套用与设计工艺相应的定额，底漆、中间漆、面漆为甲供。清单工程量等于制作安装工程量，二级工程量乘以相应的系数（见《电力建设工程预算定额（2018年版） 第一册 建筑工程》）。项目特征不描述"喷砂除锈"，项目特征、备注中均描述"防腐漆甲供"，如果是成品防腐（如镀锌）出厂，考虑现场二次修补，二次补漆工作内容包含在钢结构柱、梁中。定额套用相应防腐漆定额子目 YT12-86-YT12-106。二级工程量=构件安装工程量×0.3，施工费材料费均为乙供。

4.1.5 案例5：金属墙板工程

4.1.5.1 压型钢板、复合墙板套用 YT6-108 定额子目，纤维水泥复合墙板、铝镁锰板复合墙板维护结构，套用 YT6-99 定额子目，将定额中的彩钢夹心板改为设计墙板，压型钢板复合墙板、纤维水泥复合墙板、铝镁锰板复合墙板改为甲供。项目特征、备注中均描述"××××墙板甲供"。定额材料中的墙板名称必须与清单特征中的名称一致。水泥纤维板分部分项清单示例见表4-5。

表4-5 水泥纤维板分部分项清单示例

序号	项目编码	项目名称	项目特征	计量单位	工程量	备注
37	BT1102E11002	纤维水泥复合板	（1）墙板材质、规格、厚度:纤维水泥复合板。 （2）供货方式:甲供,投标人安装。 （3）其他:脚手架、垂直运输	m²	896.34	纤维水泥复合板为甲供,投标人安装

4.1.5.2 泄压墙费用

当泄压墙采用的材质与钢结构外墙板相似时，套用铝镁锰复合板外墙定额，清单计列形式同水泥纤维板墙体。

4.1.5.3 内隔墙

内隔墙石膏板墙项目特征需描述层数，若是双层轻钢龙骨，定额需调整为2。隔墙中需要加防火岩棉时，应在项目特征中描述防火岩棉要求。

金属外墙板内衬石膏板套用隔墙安装清单子目，单独列项。

4.1.6 案例6：成品楼承板

4.1.6.1 压型钢板底模楼承板

某220kV变电站压型钢板底模楼承板断面图如图4-2所示。

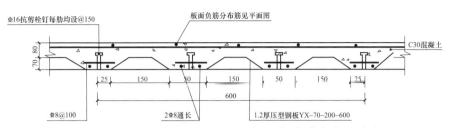

图4-2　某220kV变电站压型钢板底模楼承板断面图

压型钢板混凝土厚度，按照压型钢板槽口至混凝土面的净高H计算。清单项目特征需按如下描述：

（1）结构形式：钢筋混凝土板压型钢板底膜；

（2）混凝土强度等级：C30；

（3）楼承板：压型钢板甲供，投标人安装；

（4）其他：含后浇带、栓钉。

定额组价套用YT5-55定额，材料复合压型钢板供货方乙供改为甲供。

4.1.6.2　钢筋桁架楼承板

某35kV变电站钢筋桁架楼承板断面图如图4-3所示。

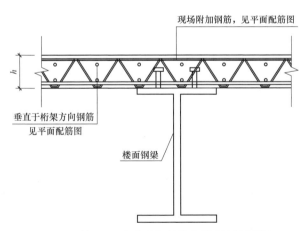

图4-3　某35kV变电站钢筋桁架楼承板断面图

钢筋桁架楼承板按G19钢筋混凝土板列清单项，按设计图示尺寸以体积计算。定额套用YT5-55钢梁浇制混凝土板 压型钢板底模，删除普通六角螺栓、自攻螺丝、圆钉、剪力钉95、抽芯铝铆钉、镀锌铁丝、聚氯乙烯塑料薄膜、钢管脚手架、支撑钢管及扣件；YT5-194装配式钢筋桁架楼承板安装删除组价中的混凝土振捣器、木模板，钢筋桁架楼承板供货方改为甲供。

4.1.7 案例 7：砖砌体墙敷设钢丝网费用

需依据图纸说明是否满挂钢丝网，如设计要求，需在墙面清单子目项目特征中描述：含钢丝网。预算定额中砖砌体外墙、砖砌体内墙，工作内容不含敷设钢丝网费用，发生时选用预算定额子目"YT12-2 挂钢丝网"。

4.1.8 案例 8：室内电缆沟

清单按 C17 室内沟道清单列项，项目特征名称：砖砌电缆沟或混凝土电缆沟，工程量按电缆沟长度计列，组价套用 YT4-13 或 YT5-91 室内混凝土电缆沟定额。工程量按实际砌筑或浇筑体积计算，电缆沟与设备基础连接的，按电缆沟壁外侧为界，以外部分全部归类到设备基础中。电缆沟盖板单独计列清单项，以平方米计算。

拓展：概算定额复杂地面工程、复杂楼面工程定额子目均包括沟道工作内容。设有室内电缆沟的楼地面，选用复杂地面、复杂楼面定额子目后，不再重复计列室内电缆沟费用。成品电缆沟盖板费用按价差计算。

4.1.9 案例 9：楼地面工程、台阶、散水、坡道的编制

依据图纸要求按地面和楼面分别计列清单，如工程有结构混凝土楼板，按楼面清单编制，项目特征描述删除垫层做法，组价取消垫层定额子目。《国家电网公司输变电工厂标准工艺（六）标准工艺设计图集（变电部分）》

中贴通体砖地面做法如图4-4所示，块料地面分部分项清单示例见表4-6。

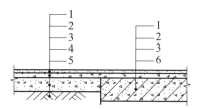

图4-4　通体砖地面做法

1—8~10mm厚通体砖，干水泥擦缝；2—30mm厚1:3干硬性水泥彭砂浆结合层，表面撒水泥粉；3—水胶比为0.5水泥浆一道（内掺建筑胶）；4—80mm厚C20混凝土垫层，内配双向Φ6@200钢筋网；5—素土夯实；6—现浇钢筋混凝土楼板或预制楼板现浇叠合层

表4-6　块料地面分部分项清单示例

序号	项目编码	项目名称	项目特征	计量单位	工程量	备注
28	BT1101C12001	地面块料面层	（1）块料面层材质、规格:贴通体砖地面 米黄色 标准工艺0101010302（序号2）有防水层。 （2）部位:除二次设备室的其他房间。 （3）具体做法: 1）8~10mm厚通体砖，干水泥擦缝； 2）30mm厚1:3干硬性水泥砂浆结合层。 （4）1.5mm厚聚氨酯防水层（两道）。 （5）1:3水泥砂浆或最薄处30mm厚C20细石混凝土找坡层抹平。 （6）水胶比为1:0.5水泥浆一道（内掺建筑胶）。	m²	421.02	

序号	项目编码	项目名称	项目特征	计量单位	工程量	备注
28	BT1101C12001	地面块料面层	（7）80mm厚C20混凝土垫层，内配双向Φ6@200钢筋网。 （8）踢脚板材质：黑色面砖踢脚	m²	421.02	

4.1.10　案例10：女儿墙涂层钢质泛水板

预算中女儿墙涂层钢质泛水板套用预算定额子目"YT5-147预埋铁件制作"及"YT5-150预埋铁件安装"。

4.1.11　案例11：主变压器系统

4.1.11.1　主变压器构支架及基础中的构支架清单含保护帽和二次灌浆，无需单独列项。

4.1.11.2　防火墙中的圈梁、构造柱、压顶不单独列项，工程量并入防火墙清单中，项目特征需描述；预埋地脚螺栓按t计列，项目特征不描述型号（此处型号指M24等）。

4.1.11.3　独立基础和杯形基础需分别计列；中性点基础按设备基础计列。

4.1.11.4　油池卵石的项目特征需描述厚度（按平均厚度）。油池如图纸有条形基础，需描述材质及混凝土标号。某110kV新建工程变压器油池分部分项清单见表4-7。

表4-7 某110kV新建工程变压器油池分部分项清单示例

序号	项目编码	项目名称	项目特征	计量单位	工程量	备注
89	BT2103B18001	变压器油池	（1）名称：主变压器油池。 （2）底板种类、混凝土强度等级、厚度：C35素混凝土，150mm厚。 （3）池壁种类：C35混凝土（抗裂纤维）。 （4）条形基础：C35混凝土。 （5）垫层：C20混凝土。 （6）卵石种类及体积：550mm卵石。 （7）伸缩缝：沥青麻丝、中性硅酮耐候胶。 （8）其他：滤油篦子、圆弧倒角	m²	99.36	

4.1.11.5 钢篦子项目特征需描述镀锌。

4.1.11.6 清单钢管构支架与清单杯形基础的组价划分应根据清单子目工作内容划分组价内容。

清单子目"杯形基础"的工作内容共6项，其中含"杯底找平"。

清单子目"钢管构支架"的工作内容共3项，其中含"二次灌浆、保护帽浇制"及"钢管内管混凝土"。杯口凿毛属于二次灌浆前的必要工序，组价并入清单子目"钢管构支架"中。

4.1.12 案例12：室外电缆沟道

4.1.12.1 清单按照挖坑槽上方、室外沟道、隧道、沟盖板、普通钢筋、预埋铁件计列清单。

4.1.12.2 室外隧道项目特征需描述包含入口。

4.1.12.3 过路处与非过路处分别计列清单项。

4.1.12.4 钢筋计算过道路处道路面层需计算钢筋。

4.1.12.5 电缆沟组价需按定额要求考虑脚手架费用。

4.1.12.6 电缆沟砂浆抹灰、伸缩缝、防水、防腐应与图纸相符。

4.1.13 案例 13：地坪清单子目选用

指导意见：选用"整体地坪"清单子目。

原因："整体地坪"清单子目的单位是平方米，工程量计算规则为按设计图纸尺寸，以面层水平投影面积计算。"碎石（卵石）地坪"清单子目的单位是立方米，工程量计算规则为按设计图纸尺寸，以体积计算。

若选用"碎石（卵石）地坪"清单子目，按体积计算工程量，则清单工程量仅面层体积，还是面层及垫层的体积之和，容易有分歧。

4.1.14 案例 14：水工部分

4.1.14.1 消防水池不小于500m^3，分别按底板、顶板、壁板、防水砂浆、独立柱、框架梁等分别计列清单项；消防水池小于500mm^3，按井池净空体积计列清单项。

4.1.14.2 消防水池中如设计为抗渗混凝土，定额组价中需把现浇混凝土替换成水工混凝土。

4.1.14.3 消防水池中的检查口混凝土工程量合并到壁板中；消防水池的清单体积包含检查口及集水坑所占的净空体积。

4.1.14.4 水池顶板部分做法按整体地坪、屋面保温计列清单项。

4.1.14.5 综合水泵房中的消防泵要在项目特征中描述扬长和流量。

4.1.14.6　立式稳压设备项目特征中不描述数量。

4.1.14.7　综合水泵房中的部分主材和设备需单独列项，不能放在给排水中，如：变频控制器、液位计、电动球阀、手拉葫芦、电磁流量等主材和水泵、稳压设备等单独按设备计列清单项。

4.1.14.8　深井的项目特征需描述深井直径，不描述井深；组价套用GT10-62，深井按照井径和打井深度调整定额系数；深井泵池、深井泵、闸阀计列在深井单位工程下。

4.1.14.9　集水池中的钢栅栏项目特征需描述镀锌。

4.1.14.10　集水池中的不锈钢栏杆清单和定额均用m计列。

4.1.14.11　室外排水管道需增加防腐定额，并在项目特征中描述（例：环氧沥青加强防腐，四油一布）。

4.1.14.12　井池项目特征爬梯描述镀锌圆钢。

4.1.14.13　雨水口若采用图集16S518第42页，则没有不锈钢网框。雨水口如图纸设计有不锈钢网框，需在项目特征中描述，或单独计列不锈钢网框清单项。

4.1.14.14　站区给水、排水、消防的检查井、阀门井井池钢筋应分别列在各自的项中，钢筋可不区分直径，项目特征描述："普通钢筋规格：综合"。

4.1.15　案例15：消防系统

4.1.15.1　主变压器水喷雾消防。选用"水灭火系统"清单子目，列到特殊消防系统项目划分下。特殊消防清单建议按"站"计量。组价时，可选用"GT11-155变电站变压器消防"概算定额子目，删掉其中的钢管、管件及阀门；水喷雾管道、阀门等按照设计方案选用相应的预算定额子目。因为特殊消防设备的安装费不方便用预算定额计取，而概算特殊消防工程定额含特殊消防设备安装费，所以可参照概算定额计列特殊消防设备安装费。

4.1.15.2　消防沙箱需单列清单项，清单按个计列，定额按 m³ 计列。

4.1.15.3　消防棚按一项计列，项目特征要根据图纸仔细核对。

4.1.16　案例 16：厂区性建筑工程

4.1.16.1　控制桩、室外快球立杆基础一般由主体施工单位施工，统一列到"站内道路及广场"项目划分下。

4.1.16.2　照明立杆基础，组价到"安装工程–道路照明灯"清单子目中，建筑工程不再重复计列。

4.1.16.3　站区道路依据站址情况考虑挖一般土方，挖土深度等于基层+垫层。

4.1.16.4　标准工艺道路按以下方式组价，稳定层按地面混凝土垫层套定额。

4.1.17　案例 17：围墙大门及其他各处预埋电线管

4.1.17.1　指导意见：

（1）围墙大门预埋电线管组价到围墙大门清单子目中，并在项目特征添加上"说明：含预埋管"。

（2）建筑照明电线管，列到"建筑工程–照明及接地"清单子目中。

（3）其他各处预埋保护管，均计列到"安装工程–电缆辅助设施"项目划分下，不在建筑工程中重复计列。

4.1.17.2　原因：

（1）大门工程的概算定额包括配合预埋电线管的工作内容。

（2）围墙大门在部分工程中，由四通一平施工单位施工。所以为同口径编制预算，并合理划分不同施工单位的费用，将围墙大门处的预埋电线管组价到"围墙大门"清单子目中。

4.1.17.3 围墙的抹灰需单独列清单，项目特征描述装饰性抹灰。

4.1.17.4 围墙大门柱及独立基础建议单独计列清单，也可在围墙大门清单项下考虑。

4.1.18 案例18：地基处理

4.1.18.1 将各建构筑物换填都放在地基处理中的换填里。

4.1.18.2 砂石桩计算工程量的差异：桩长计算至满铺层底标高，桩体积不计算满铺工程量，满铺工程量按换填清单编制清单。

4.1.18.3 水泥搅拌桩清单工程量按米计列。三轴水泥搅拌桩清单按照设计桩长乘以设计桩外径截面积，以体积计算，定额组价套用YT2-44三轴水泥搅拌桩 二搅二喷子目，三轴水泥搅拌桩定额工程量按照设计桩长加0.25m乘以设计桩外径截面积，以体积计算。

4.1.18.4 混凝土灌注桩钢筋笼清单单独计列清单，不要漏项。

4.1.18.5 桩项目特征需描述桩截面面积（桩径）、混凝土强度等级、桩类型。

4.1.18.6 打试验桩应按相应清单项目单独列项，并应在项目特征中注明打试验桩。

4.1.18.7 截桩头清单单独列项，设计说明应标注截桩头长度。灰土挤密桩无需截桩头。

4.1.19 案例19：施工降水费

4.1.19.1 井点降水按安装拆卸和运行的清单分别计列清单项，井点降水运行按R11编制，以运行的套数乘以天数计算。是否需计列施工降水费用和采用何种降水的方式依据地勘报告和概算所列费用综合考虑。

4.1.19.2 施工降水费列入措施项目清单二中。

4.1.20 案例20：给排水（含常规水消防）设备安装费

4.1.20.1 指导意见：建议将给排水（含常规水消防）设备安装费含入设备价格中。

4.1.20.2 原因：

（1）概算定额给排水（含常规水消防）工程，不含设备安装费。

（2）水泵、稳压器等给排水（含常规水消防）设备的安装费，无合适的概算、预算定额可以参照。而且这些设备一般均采用乙供的供货方式。鉴于以上原因，建议给排水（含常规水消防设备）设备价格中含入相应安装费。

4.1.21 案例21：给排水、通风及空调、照明及接地清单子目组价原则

"通风及空调""照明及接地"清单子目，以建筑物面积计算清单工程量。工作内容含所有设备安装费，不包括设备原价；含所有材料费及其安装费。"通风及空调""照明及接地"清单子目组价原则与相应概算定额子目工作内容一致。"给排水"清单子目，以建筑物面积计算清单工程量。工作内容不含设备安装费及设备原价；含所有材料费及其安装费。"给排水"清单子目组价原则与相应概算定额子目工作内容一致。定义为设备的单列清单子目。给排水的项目特征要描述准确（勿多描述、漏描述）、将阀门也列到给排水清单下（楼内）；设备单独列清单，规格可不写具体型号，设备名称要与项目特征中名称一致。

4.1.22 案例 22："安装工程 – 全站接地"与"建筑工程 – 建筑物接地"

4.1.22.1 指导意见：建筑物本身的接地，列为建筑工程。屋顶避雷针、避雷器带（网）安装、引下线敷设、接地极安装、接地电阻测试等工作内容，列为建筑工程。

全站主接地网、全站接地引下线及设备与设施的接地引下线，不论是否在建筑物内，均列为安装工程。

4.1.22.2 依据：Q/GDW 11338—2014《变电工程工程量计算规范》：本章接地为建筑物接地，不包括全站主接地网接地装置、全站接地引下线及设备与设施的接地引（下）线。

接地清单项目适用于全站主接地网接地装置、全站接地引下线，建筑物的避雷网等选用建筑工程清单项目。

《电力建设工程预算定额使用指南 第六册 电气工程》：户内接地母线敷设综合考虑了户内、电缆沟内、电缆夹层与竖井内接地母线、汇流线的安装敷设。

4.1.23 案例 23：临时施工电源

临时施工电源列到建筑工程，非临时（含永临结合）的站外电源列到安装工程。

概预算中，电源走廊赔偿费列到其他费–建设场地征用及清理费中，设计费、监理费等其他费用根据合同约定范围计列，不可重复计列费用。临时设施费含380V降压变压器，不可重复计列费用。

清单描述内容：临时电源项目特征中变压器不描述、水泥杆不描述高度、导线型号需描述等，若有青赔也需在项目特征中描述。

4.1.24 案例24：施工视频监控通道费用

根据工程实际计列，计列在"建筑工程–临时施工通信线路"中。清单子目项目特征中注明含施工赔偿。

4.2 变电安装工程

4.2.1 案例1：电气设备安装工程——变压器安装

某220kV变电站主变压器施工图（部分）如图4-5所示。材料表清单见表4-8。

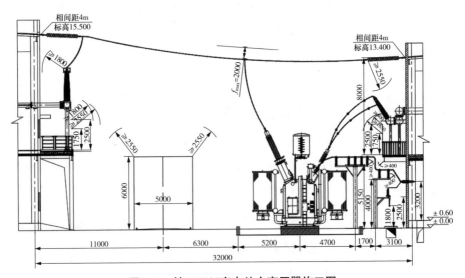

图4-5 某220kV变电站主变压器施工图

表4-8 材料表清单

序号	名称	型号及规范	单位	数量	备注
1	主变压器	SS711-180000/220	台	2	江苏华鹏变压器有限公司
2	220kV中性点成套装置	CG-JXB- 220（W）/1600	台	2	湖南长高高压开关集团股份公司
3	110kV中性点成套装置	PG-ZJB-126	台	2	河南平高电气股份有限公司
4	智能控制柜		台	2	列入二次
5	排油充氮装置		台	2	
6	在线监测柜		台	2	列入二次
7	避雷器	YH5WZ2-51/134	只	6	大连法伏安电器有限公司
8	钢芯铝绞线	JL/GIA-630/55	m	120	220kV主变压器进线、引下线、中性点设备连接线
9	钢芯铝绞线	2XJL/GIA-500/45	m	430	110kV主变压器进线、引下线、已按单根计列
10	铜排	TMY-125X10	m	75	按单根计列,配热缩套管
11	全铜伸缩节	MST-125X10	只	18	
12	异形盒		只	48	
13	母线固定金具	MWP-104	只	48	
14	支柱绝缘子	ZSW-40.5/6	只	48	中材江西电瓷电气有限公司,爬距1256mm
15	耐张绝缘子串	20X（XWP2-100）	串	12	220kV主变压器进线,每片 绝缘子爬距450mm
16	耐张绝缘子串	11X（XWP2-100）	串	12	110kV主变压器进线,每片 绝缘子爬距450mm

续表

序号	名称	型号及规范	单位	数量	备注
17	耐张线夹	NY-630/55	只	12	220kV主变压器进线
18	耐张线夹	NY-500/45	只	24	110kV主变压器进线
19	T型线夹	TY-630/55	只	12	配引流线夹
20	T型线夹	TY-500/45	只	24	配引流线夹
21	设备线夹	SY-630/55A	只	14	
22	设备线夹	SSY-500/45A	只	6	
23	铜铝复合板		块	16	
24	间隔棒	MRJ-6/200	只	60	
25	槽钢	[10	m	50	
26	槽钢	[8	m	40	
27	槽钢	[8	m		列入土建
28	钢板	250mm×250mm×10mm	块	48	
29	铜排	TMY-50X4	m	8	按单根计列,配热缩套管

预算定额应用示例见表4-9。

表4-9　预算定额应用示例

序号	定额编号	调整系数	项目名称及规范	单位	数量
1			主变压器系统		
	YD2-29	1.1	主变压器SS211-180000/220	台	2
	YD2-91	1	绝缘油过滤	t	60

204

序号	定额编号	调整系数	项目名称及规范	单位	数量
	YD5-13	2	智能控制柜	台	2
	YD3-265	1	220kV中性点成套设备	套/单相	2
	YD3-265	1	110kV中性点成套设备	套/单相	2
	YD3-182	1	氧化锌避雷器Y5W22-51/134	组	2
	YD4-68	1	引下线跳线设备连线500mm²	组/三相	2.66
	YD1-65	1	引下线跳线设备连线630mm²	组/三相	3
	YD4-79	1.4	带形铜母线125×10	m	75
	YD4-83	1	母线伸缩节	个	18
	YD4-86	1	带形母线热缩护套	m	75
	YD4-87	1	异性盒	只	48
	YD4-20	1	支持绝缘子ZSW2-40.5/6	个	48
	YD4-52	1	220kV软母线安装（630mm²）	跨/三相	2
	YD4-48	1	110kV软母线安装（500mm²）	跨/三相	2
	YD5-83	1	一般铁构件制作	t	1.55
	YD5-84	1	一般铁构件安装	t	1.55
	YD4-76	1.4	带形铜母线50×4	m	8
	YD4-85	1	带形母线热缩护套	m	8
		损耗率	未计价材料：		
		2.0%	ZSW2-40.5/4-4	只	48
		2.0%	XWP2-100	只	372
		1.5%	NY500/45	只	24
		1.5%	NY-630/55	只	12
		1.5%	TY-500/45	只	24
		1.5%	TY-630/55	只	12
		2.3%	TMY-125X10	t	0.084
		1.5%	MST-125X10	个	18
		5.0%	125X10热缩护套	m	75

续表

序号	定额编号	调整系数	项目名称及规范	单位	数量
		5.0%	异性盒	只	48
		1.5%	MWP-104	只	48
		1.3%	2XJL/G1A-500/45	t	0.650
		1.3%	JL/G1A-630/55	t	0.323
		1.5%	MS-125X10	只	18
		1.5%	XGU-6A	只	3
		1.5%	直角挂板Z-7	只	45
		1.5%	调整环DT-6	只	21
		1.5%	球头挂环Q-7	只	21
		1.5%	球头挂环QP-7	只	24
		1.5%	碗头挂板W-7A	只	42
		1.5%	U形挂环U-7	贝	84
		1.5%	U形挂环U-10	只	42
		4.0%	安装钢材	t	1.55
		2.3%	TMY-50X4	t	0.014
		5.0%	50X4热缩护套	m	8

4.2.2 案例2：电气设备安装工程——控制及盘台柜安装

现有某地区新建220kV变电站安装工程，二次设备材料见表4-10。

表4-10 二次设备材料

序号	名称	型号及规格	单位	数量	备注
1	220kV线路数字化光纤电流差动保护装置		台	10	分散安装于5面220kV线路智能控制柜

序号	名称	型号及规格	单位	数量	备注
2	220kV数字化母线保护柜	每面柜含1套220kV母线保护装置	面	2	安装于二次设备室
3	220kV数字化母联1、2保护装置		台	4	安装于220kV母联智能控制柜
4	220kV数字化分段保护装置		台	2	安装于220kV分段智能控制柜
5	110kV线路数字化距离零序保护测控一体化装置		台	12	分散安装于12面110kV线路智能控制柜
6	110kV数字化母线保护柜	含1套110kV数字式母线差动保护装置	面	1	安装于二次设备室
7	110kV数字化母联保护测控装置		台	1	安装于110kV母联智能控制柜
8	220kV数字化线路故障录波柜	含2套220kV线路故障录波装置	面	1	安装于二次设备室
9	110kV数字化线路故障录波柜	含1套110kV线路故障录波装置	面	1	安装于二次设备室
10	公用测控柜	含公用测控装置2台	面	1	安装于二次设备室
11	220kV母线测控装置		台	3	分散安装于220kV母设智能控制框
12	110kV母线测控装置		台	2	分散安装于110kV母设智能控制框
13	220kV线路测控装置		台	5	分散安装于5面220kV线路智能控制柜
14	220kV母联测控装置		台	2	安装于220kV母联智能控制柜

序号	名称	型号及规格	单位	数量	备注
15	220kV分段测控装置		台	1	安装于220kV分段智能控制柜
16	主变压器测控柜	含高、中、低压及本体测控装置	面	2	安装于二次设备室
17	1号主变压器保护屏	每套保护包含完整的主、后备保护功能	面	2	安装在二次设备室
18	1号主变压器本体预制式智能控制柜	含本体非电量保护智能终端一体化装置1套，合并单元2套	面	1	柜体就地安装在主变压器旁，预留免熔接光配架和预制电缆插板安装位置
19	2号主变压器保护屏	每套保护包含完整的主、后备保护功能	面	2	安装在二次设备室
20	2号主变压器本体预制式智能控制柜	含本体非电量保护智能终端一体化装置1套、合并单元2套	面	1	柜体就地安装在主变压器旁，预留免熔接光配架和预制电缆插板安装位置
21	主变压器故障录波柜	含2套故障录波装置	面	1	安装在二次设备室

控制、继电保护屏预算定额应用示例见表4-11。

表4-11 控制、继电保护屏预算定额应用示例

序号	定额编号	系数	项目名称及规范	单位	数量
5			控制、继电保护屏及低压电器安装		
	YD12-31	1.6	220kV线路数字化光纤电流差动保护装置	间隔	5
	YD5-9	1	220kV数字化母线保护柜	台	2

序号	定额编号	系数	项目名称及规范	单位	数量
	YD12-40	1.2	220kV母线保护装置	套	2
	YD12-46	1.6	220kV数字化母联1、2保护装置	间隔	2
	YD12-46	1	220kV数字化分段保护装置	间隔	1
	YD12-30	1	110k送配电保护装置	间隔	12
	YD12-108	1	110kV变电站自动化系统测控装置	套	12
	YD5-9	1	110kV数字化母线保护柜	台	1
	YD12-39	1.2	110kV母线保护装置	套	1
	YD12-45	1	110kV母联保护装置	间隔	1
	YD5-9	1	1号主变压器保护屏	台	2
	YD12-17	1.6	1号主变压器保护装置	台/三相	2
	YD12-134	1	本体非电量保护智能终端一体化装置	套	1
	YD12-127	1	合并单元	套	2
	YD5-9	1	2号主变压器保护屏	台	2
	YD12-17	1.6	2号主变压器保护装置	台/三相	2
	YD12-134	1	本体非电量保护智能终端一体化装置	套	1
	YD12-127	1	合并单元	套	2
	YD5-1	1	公用测控柜	台	1
	YD12-109	1	220kV线路测控装置	套	5
	YD12-109	1	220kV母联测控装置	套	2
	YD12-108	1	110kV母联测控装置	套	1
	YD12-109	1	公用测控装置	套	2
	YD12-109	1	220kV母线测控装置	套	3
	YD12-108	1	110kV母线测控装置	套	2

续表

序号	定额编号	系数	项目名称及规范	单位	数量
	YD12-109	1	220kV分段测控装置	套	1
	YD12-45	1	110kV送配电保护装置	间隔	1
	YD12-108	1	110kV变电站自动化系统测控装置	套	1
	YD5-1	1	主变压器测控柜	台	2
	YD12-109	1	高压侧测控装置	套	2
	YD12-108	1	中压侧测控装置	套	2
	YD12-107	1	低压侧测控装置	套	2
	YD12-109	1	本体测控装置	套	2
	YD5-1	1	220kV数字化线路故障录波柜	台	1
	YD12-55	1	220kV线路故障录波装置	套	2
	YD5-1	1	110kV数字化线路故障录波柜	台	1
	YD12-55	1	110kV线路故障录波装置	套	1
	YD5-1	1	主变压器故障录波柜	台	1
	YD12-55	1	主变压器故障录波装置	套	2

4.2.3 案例3：调试工程——电网调度自动化、二次安防分系统调试

某新建110kV变电站工程，按照无人值班站设计，由地调度管理，信息通过调度数据网络传送至地调、备调，远动与站内监控功能系统统一考虑，配置保护信息子站系统2套，地调已接入53站。配置调度数据网接入设备2套、配置安全防护监测设备1套。

设备材料清册表见表4-12。

210

表4-12　设备材料清册表

序号	名称	型号及规范	单位	数量
1	调度数据网络接入设备	1台路由器、2台交换机、2面控制屏	套	2
2	安全防护系统	1台纵向加密设备、1套全站二次系统安全防护监测、1套网络安全在线监测装置、1面控制屏	套	1
3	其他二次系统	保护信息子站2套	套	2

电网调度自动化、二次安防分系统调试定额应用示例见表4-13。

表4-13　电网调度自动化、二次安防分系统调试定额应用示例

序号	定额编号	项目名称	单位	数量	说明
1	YS5-84	主站（县、地、省调）接入110kV等级站	站	1	变电站接入调度主站调试
2	YS5-91	主站（县、地、省调）接入110kV等级及以上站	站	1	变电站接入调度主站二次系统安全防护调试
3	YS5-98	二次系统安全防护分系统110kV	站	1	变电站二次系统安全防护分系统调试
4	YS5-105	调度自动化系统县调（接入110kV等级站）	站	1	变电站接入调度自动化主站系统信息安全测评调试
5	Y55-110	变电站自动化系统信息安全测评系统110kV以下	站	1	变电站信息安全测评分系统调试
6	YS5-168	地调接入110kV等级及以上站50~150个	站	1	保护故障信息子站接入主站调试
7	YS5-171	变电站保护故障信息子站分系统调试110kV	站	1	变电站保护故障信息子站调试

4.2.4 案例4：调试工程——绝缘油、气体综合试验（特殊试验）

某500kV新建变电站工程，主变压器容量2×1000MVA，单相自耦油浸变压器6台，500kV户外GIS，3/2断路器接线，500kV GIS断路器9台，220kV户外GIS，双母线双分段，220kV GIS进线间隔、出线间隔、母联间隔、分段间隔等带断路器间隔12个，母线设备间隔等不带断路器间隔4个，500kV本期出线规模4回，220kV本期出线8回，配置1组（3台）500kV高压电抗器。

设备材料清册表见表4-14。

表4-14 设备材料清册表

序号	名称	型号及规范	单位	数量
1	主变压器	334MVA、500/220/35kV户外、单相、自耦、中压侧无载调压	台	6
2	500kV电抗器	50Mvar，油浸	台	3
3	500kV GIS断路器	500kV、5000A、63kA，3个完整串	台	9
4	220kV GIS间隔（含断路器）	220kV、4000A、50kA	间隔	12
5	220kV GIS间隔（不含断路器）	隔离开关2组、接地开关2组	间隔	4

特殊调试项目定额应用示例见表4-15。

表4-15 特殊调试项目定额应用示例

序号	定额编号	项目名称	单位	数量	说明
1	YS7-115×1.2	GIS组合电器SF$_6$气体试验 带断路器	间隔	9	按500kV断路器数量计列，500kV电压等级定额乘以系数1.2
2	YS7-115	GIS组合电器SF$_6$气体试验 带断路器	间隔	12	按照220kV带断路器间隔数量计列

序号	定额编号	项目名称	单位	数量	说明
3	YS7-110	GIS组合电器SF$_6$气体试验不带断路器	间隔	4	按照220kV不带断路器间隔数量计列
4	YS7-120×1.2	SF$_6$气体全分析	站	1	按变电站数量计列，500kV电压等级定额乘以系数1.2
5	YS7-117×1.2	GIS母线SF$_6$气体试验	段	2	按照500kV封闭母线段数计列，500kV电压等级定额乘以系数1.2
6	YS7-117	GIS母线SF$_6$气体试验	段	4	按照220kV封闭母线段数计列
7	YS7-111	绝缘油单相变压器500000kVA以下	台	6	按照变压器数量计列
8	YS7-108	绝缘油单相电力变压器60000kVA以下	台	3	电抗器油试验参照同容量单相变压器子目，按照电抗器数量计列

4.2.5 案例5：通信工程——系统通信工程

4.2.5.1 工程技术方案

光缆路由：新220kV变电站N站，开"π"原500kV变A－220kV变B线路光缆，分别形成N-A（约88km）、N-B（约35km）24芯光缆路由，并新建N-220kV变C（约45km）24芯光缆路由。光纤路由如图4-6所示。

4.2.5.2 光传输设备配置

N站：在N新建站配置省网10G SDH设备1套，省网以10G速率分别接入A、B站，以2.5G速率接入C站，同时为调度数据网汇聚层节点路由器接入提供1个155M光接口，且N-A需配置BA+DCM光路子系统。共新增10G光板2块，2.5G光板1块，4光口155M光板1块，光功率放大器BA 1套，色

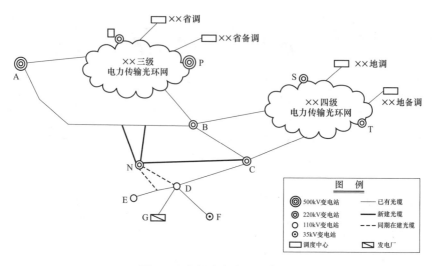

图4-6　光纤路由建设示意图

散补偿（DCM）1套。

　　A站：已建省网光传输设备上新增10G光接口板1块，BA+DCM光路子系统1套。

　　B站：已建省网光传输设备上新增10G光接口板1块。

　　C站：已建光传输设备上新增2.5G光接口板1块。

4.2.5.3　PCM设备配置

　　在N站点配置地网PCM设备1套，在地调侧已建的PCM设备上新增FXO、RS232业务板各1块。

4.2.5.4　设备材料清册

　　设备材料清册见表4-16。

表4-16　设备材料清册

序号	名称	型号及规范	单位	数量	备注
1	新建N站				
1.1	省网光传输设备				

序号	名称	型号及规范	单位	数量	备注
1.1.1	10G平台		套	1	
1.1.1.1	STM-64板卡（含模块）	STM-64/板；L-64.2	块	1	基本配置已包括两块10G光板
1.1.1.2	STM-64板卡（含模块）	STM-64/板；L-64.1	块	1	基本配置已包括两块10G光板
1.1.1.3	STM-16板卡（含模块）	STM-16/板；L-16.2	块	1	基本配置以外，另计2.5G光板
1.1.1.4	STM-1板卡（含模块）	4×STM-1/板；L-1.1	块	1	基本配置以外，另计155M光板
1.1.1.5	E1板卡（含出线板卡）	D75Ω，G.703，E1=32	块	2	基本配置已包括配套的2M板，不另计
1.1.1.6	E1保护板卡		块	1	2M板附件，不另计
1.1.1.7	以太网网接口板	8×FE，含以太网业务处理板	块	1	基本配置已包括配套的数据接口板，不另计
1.1.1.8	机柜	尺寸:2200mm×600mm×600mm，颜色：冰灰桔纹GY09；网孔门	面	1	定额未包括机柜安装，另执行《电力建设工程预算定额（2018年版）第三册 电气设备安装工程》第14章子目
1.2	光路子系统				
1.2.1	光功率放大器	BA15	套		外置式
1.2.2	色散补偿	DCM40	套	1	执行"光功率放大器外置"子目调整系数0.5
1.2.3	协议转换器	ETH（4FE）/E1（G.703）	套	1	按定额计量

续表

序号	名称	型号及规范	单位	数量	备注
2	220kV A 变电站				
2.1	省网光传输设备				
2.1.1	STM-64板卡(含模块)	ＳＴＭ－６４／板；L64.2	块	1	适用于扩容10G光板
2.2	光路子系统				
2.2.1	光功率放大器	BA15	套	1	外置式
2.2.2	色散补偿	DCM40	套	1	执行"光功率放大器外置"子目调整系数0.5
2.2.3	协议转换器	ＥＴＨ（４ＦＥ）/E1（G.703）	套	1	按定额计量
3	220kV B 变电站				
3.1	省网光传输设备				
3.1.1	STM-64板卡(含模块)	STM-64/板；L64.1	块	1	适用于扩容10G光板
4	220kV C 变电站				
4.1	省网光传输设备				
4.1.1	STM-16板卡(含模块)	ＳＴＭ－１６／板；L-16.2	块	1	适用于扩容2.5G光板
5	PCM接入设备				
5.1	PCM设备	在N站点配置地网PCM设备1套			
5.1.1	主子框	子框整件	套	1	

续表

序号	名称	型号及规范	单位	数量	备注
5.1.2	系统控制板卡（主控板）	中继及主控板，比1≥4路	块	2	
5.1.3	电源板卡	PWX	块	2	
5.1.4	FXS板卡	FXS≥4路	块	1	
5.1.5	RS232板卡	RS232≥4路	块	1	
5.1.6	机相	尺寸：2200 mm×600 mm×600mm，颜色：冰灰桔纹GY09；网孔门	面	1	定额未包括机柜安装，另执行电力建设工程预算定额（2018年版） 第七册 通信工程》第14章子目
5.1.7	架顶电源	−48V（含防雷模块）	套	1	随机柜安装，不另计
5.1.8	配套线缆及安装工具	含阻燃直流电源线缆按需配置、同轴电缆按需配置、音频电缆按需配置	套	1	根据实际应用的缆线计列，案例未计
5.2	地调PCM设备				
5.2.1	FXO板卡	FXO≥8路	块	1	地调新增。适用于PCM设备接口板
5.2.2	RS232板卡	RS232≥4路	块	1	地调新增，适用于PCM设备接口板

系统通信工程定额应用示例见表4-17。

表4-17　系统通信工程定额应用示例

序号	定额编号	项目名称	单位	数量	备注
1	N站新建				
1.1	省网光传输设备				

序号	定额编号	项目名称	单位	数量	备注
1.1.1	YZ1-5	分播复用器（ADM）10Gb/s	套	1	
1.1.2	YZ1-15	接口单元盘（SDH）2.5Gb/s	块	1	
1.1.3	YZ1-17	接口单元盘（SDH）155Mb/s（光口）	块	1	
1.1.4	YZ1-35	数字线路段光端对测端站	方向·系统	3	
1.1.5	YZ1-38	保护倒换测试	环·系统	1	
1.1.6	YZ14-1	机柜	面	1	
1.2		光路子系统			
1.2.1	YZ1-34	光功率放大器外置	套	1	
1.2.2	YZ1-31×0.5	光功率放大器外置（色散补偿）	套	1	
1.2.3	YZ1-32	协议转换器	个	1	
2		A站扩容			
2.1		省网光传输设备			
2.1.1	YZ1-21	调测基本子架及公共单元盘（SDH）622Mb/s以上	套	1	
2.1.2	YZ1-22	扩容接口单元盘（SDH）10Gb/s	块	1	
2.1.3	YZ1-35	数字线路段光端对侧端站	方向·系统	1	
2.2		光路子系统			
2.2.1	YZ1-31	光功率放大器外置	套	1	
2.2.2	YZ1-31×0.5	无功率放大器外置（色散补偿）	套	1	
2.2.3	YZ1-32	协议转换器	个	1	
3		B站扩容			
3.1		省网光传输设备			

续表

序号	定额编号	项目名称	单位	数量	备注
3.1.1	YZ1-21	调测基本子架及公共单元盘（SDH）622Mb/s以上	套	1	
3.1.2	YZ1-22	扩容接口单元盘（SDH）10Gb/s	块	1	
3.1.3	YZ1-35	数字线路段光端对测端站	方间·系统	1	
4	C站扩容				
4.1	省网光传输设备				
4.1.1	YZ1-21	调测基本子架及公共单元盘（SDH）622Mb/s以上	套	1	
4.1.2	YZ1-23	扩容接口单元盘（SDH）2.5Gb/s	块	1	
4.1.3	YZ1-35	数字线路段光端对测端站	方间·系统	1	
5	PCM接入设备				
5.1	YZ14-1	机柜	面	1	
5.2	YZ1-3	PCM设备	台	1	
5.3	YZ1-4	PCM设备接口盘	块	2	

4.2.6　案例6：通信工程——视频监控系统

工程技术方案：在某变电站内配置视频监控系统1套，包括室内摄像机12台，室外摄像机4台，柜内配置三合一防雷器16只，站端视频处理单元1套，视频监控专用硬盘2只，组屏柜1面。视频监控系统设备材料表见表4-18。

表4-18 视频监控系统设备材料表

序号	名称	单位	数量	备注
1	室内摄像机	台	12	
2	室外摄像机	台	4	
3	三合一防雷器	只	16	三合一防雷器随柜提供，不单独计列
4	站端视频处理单元	套	1	视频处理单元安装调测执行"前端视频管理机"定额子目
5	视频监控专用硬盘	只	2	专用硬盘安装调测已包含在"前端视频管理机"定额子目中，不单独计列
6	视频监视器	台	1	
7	视频服务器	台	1	
8	组屏柜	面	1	

视频监控系统定额应用示例见表4-19。

表4-19 视频监控系统定额应用示例

序号	定额编号	项目名称	单位	数量
1	YZ8-2	摄像机 室内	台	12
2	YZ8-3	摄像机 室外	台	4
3	YZ8-14	前端视频管理机16路以下	台	1
4	Y28-16	前端监视器	台	1
5	YZ8-17	视频监控管理服务器64路以下	台	1
6	Y28-22	视频监控设备系统联调	系统	1
7	YZ14-1	机柜	面	1

4.2.7 案例7：通信工程——环境监控系统

工程技术方案：在某变电站内配置环境监测系统1套。设备材料清册见表4-20。

表4-20 设备材料清册

序号	名称	规格型号	单位	数量	备注
1	温湿度传感器		套	8	
2	红外双鉴探测器		套	2	红外双鉴探测器参考"烟雾、门窗告警装置"定额子目
3	空调控制器		套	4	
4	水浸探测器		套	6	
5	风速传感器		套	1	
6	门禁控制器	4门控制器	套	1	
7	出门按钮		套	2	执行"读卡器"定额子目
8	刷卡器		套	2	执行"读卡器"定额子目
9	电磁锁		套	2	
10	屏柜		面	1	

环境监控系统定额应用示例见表4-21。

表4-21 环境监控系统定额应用示例

序号	定额编号	项目名称	单位	数量	备注
1	YZ8-7	温度、湿度传感器	只	8	
2	YZ8-6	烟雾、门窗告警装置	只	2	
3	YZ8-12	空调、风机控制器	只	4	
4	YZ8-10	水浸监控装置	只	6	
5	YZ8-11	风速传感器	只	1	
6	YZ8-48	门禁控制器一控四门	台	1	
7	YZ8-46	读卡器	台	4	
8	YZ8-47	电磁锁	台	2	
9	YZ14-1	机柜	面	1	

4.3 输电线路工程

4.3.1 案例1：工程量清单总说明

招标工程量清单总说明应按照招标工程量清单模板将总说明内容填写完整准确。

总说明

工程名称：××线路工程（架空部分）

<table>
<tr><td rowspan="2">工程概况</td><td>工程名称</td><td>××线路工程（架空部分）</td><td>建设性质</td><td>新建</td></tr>
<tr><td>设计单位</td><td>××设计有限公司</td><td>建设地点</td><td>济南</td></tr>
<tr><td colspan="4">（1）本工程线路全长10.683km，导线采用JL/LB20A 400/35，地线采用OPGW复合架空光缆。
（2）杆塔类型：角钢塔37基，耐张转角塔14基，直线塔23基。
（3）地形：平地100%</td></tr>
<tr><td rowspan="1">其他说明</td><td colspan="4">（1）工程招标和分包范围：详见招标文件。
（2）工程量清单编制依据：使用国家电网有限公司下发的新版工程量清单《国家电网企管〔2015〕106号》《转发定额总站＜电力工程造价与定额管理总站关于发布电力工程计价依据营业税改征增值税估价表的通知＞的通知》（国家电网电定〔2017〕2号文），Q/GDW 11337—2014《输变电工程工程量清单计价规范》、Q/GDW 11339—2014《输电线路工程工程量计算规范》《财政部、税务总局关于调整增值税税率的通知》（财税〔2018〕32号）、《电力工程造价与定额管理总站关于调整电力工程计价依据增值税税率的通知》（定额〔2019〕13号）、工程招标文件及补充文件、设计图纸及补充提资。
（3）工程质量、材料等要求：详见招标文件。
（4）施工特殊要求：详见招标文件。
（5）交通运输情况、健康环境保护和安全文明施工：详见招标文件。
（6）其他需要说明的内容。
　1）招标人采购材料（设备）表中的量为设计净量（不含损耗），与分部分项工程量清单中的量不符时均以分部分项工程量清单中的量为准。</td></tr>
</table>

其他说明	2）招标人采购材料（设备）表中的材料、设备单价为含税价。 3）招标人采购的材料（甲供材料）单价不计入综合单价。 4）临时设施费、安全文明施工费、社会保障费、住房公积金为不可竞争费用。 5）投标人所报分部分项工程量清单的综合单价，应考虑清单项目中各项目特征所对应的工作内容。 6）线路工程地形比例、运输距离（含余土）等由投标人在综合单价中综合考虑。 7）投标单位结合技术文件和施工方案，清单单价和措施费中应综合考虑机械化施工费用。 8）除招标人采购外[详见招标人采购材料（设备）表]，其余均为投标人采购

4.3.2　案例 2：安全文明施工费与临时设施费

措施一中安全文明施工费和临时设施费为不可竞争费用，工程量清单中应备注费率，如下表。

措施项目清单（一）

工程名称：

序号	项目名称	备注
1	冬雨季施工增加费	
2	夜间施工增加费	
3	施工工具用具使用费	
4	特殊地区施工增加费	
5	临时设施费	6.6%
6	施工机构迁移费	
7	安全文明施工费	2.93%

4.3.3 案例 3：项目编码

措施项目工程量清单编码很容易疏忽，导致不足 12 位，不符合清单计价规范要求。

措施项目清单（二）

工程名称：

序号	项目编码	项目名称	项目特征	计量单位	工程量	备注
—		招标人已列项目				
	CS0101	施工道路				
1	CS0101G12001	施工道路	（1）路床整形平均厚度:30cm以内 （2）基层材质及厚度:原土压平 （3）面层材质及厚度:原土压平	m³	2470	

4.3.4 案例 4：甲供材料卸车保管费

线路工程招标人采购材料交货方式为材料站车板交货，需要计列卸车费，博微电力建设计价通软件中默认仅计列保管费，需要手动调整计列卸车费，同时限价中应将费率 1.5% 改为 2%。

其他项目清单（一）

工程名称：   金额单位：元

序号	项目名称	金额	备注
5	其他		

序号	项目名称	金额	备注
5.2	招标人供应设备、材料卸车保管费		
5.2.1	设备保管费		
5.2.2	甲供材卸车保管费		

4.3.5 案例5：建设场地征用及清理费

工程量清单中建设场地征用及清理费应备注最高投标限价，费用为不含税金额，同时，扣除余物清理费用及清单。金额为整数。

其他项目清单（二）

工程名称：　　　　　　　　　　　　　　　　　　　　　金额单位：元

序号	项目名称	金额	备注
5	其他		
5.4	建设场地征占用及清理费		最高投标限价（不含税）为1365410元
5.4.1	土地征占用费		
5.4.2	施工场地租用费		
5.4.3	迁移补偿费		
5.4.5	输电线路跨越补偿费		
5.4.6	通信设施防输电线路干扰措施费		

4.3.6 案例 6：规费

规费为不可竞争费，工程量清单中应备注费率。

规费项目清单

工程名称：

序号	项目名称	备注
一	规费	
1	社会保险费	
1.1	养老保险费	16%
1.2	失业保险费	0.7%
1.3	医疗保险费	8%
1.4	生育保险费	1%
1.5	工伤保险费	1.2%
2	住房公积金	12%

4.3.7 案例 7：投标人采购材料（设备）表

投标人采购材料（设备）表内容清空，按照招标工程量清单模板调整完善。

序号	材料（设备）名称	型号规格	计量单位	数量	备注
一	投标人采购材料（设备）				
除招标人采购外[详见招标人采购材料（设备）表]，其余均为投标人采购					

4.3.8　案例 8：招标人采购材料（设备）表

招标人采购材料（设备）表数量应为净量，不包含损耗，交货地点及方式为材料站车板交货。

招标人采购材料（设备）表

工程名称：　　　　　　　　　　　　　　　　　　　　　　　金额单位：元

序号	材料（设备）名称	型号规格	计量单位	数量	单价	交货地点及方式	备注
一	招标人采购材料						
	主材						
	合成绝缘子	FXBW-35/70	只	220	113.00	材料站车板交货	
	塔材	角钢塔	t	121.3	9423.00	材料站车板交货	
	钢芯铝绞线	JL/G1A-240/30	t	25.13	16610.00	材料站车板交货	
	地脚螺栓		t	5.974	7500.00	材料站车板交货	
	防振锤	FDYJ-2/4	套	235	86.00	材料站车板交货	
	挂线金具		t	3.517	16965.00	材料站车板交货